FACHWISSEN FEUERWEHR

Kemper

GERÄTEKUNDE ARBEITSGERÄT

Bibliografische Informationen der deutschen Nationalbibliothek

Die Deutsche Nationalbibliothek verzeichnet diese Publikation in der Deutschen Nationalbibliografie; detaillierte bibliografische Daten sind im Internet über http://www.dnb.de abrufbar.

Bei der Herstellung des Werkes haben wir uns zukunftsbewusst für umweltverträgliche und wiederverwertbare Materialien entschieden. Der Inhalt ist auf chlorfrei gebleichtes Papier gedruckt.

Nachweis der Titelbilder auf Umschlagseite 1:
oben links und unten rechts: Marc Köppelmann, Paderborn
oben rechts: LEADER GmbH
unten links: WEBER-HYDRAULIK GMBH

ISBN 978-3-609-69796-3

E-Mail: kundenservice@ecomed-storck.de

Telefon: 089/2183–7922
Telefax: 089/2183–7620

www.ecomed-storck.de

Satz: Fotosatz Pfeifer, 82152 Krailling
Druck: Westermann Druck, Zwickau

Vorwort

Die Aufgaben der Feuerwehren haben sich im Laufe der letzten Jahre erheblich verändert. Genügte es in der Vergangenheit oftmals, Brände zu bekämpfen und Brandgefahren zu beseitigen, müssen heute selbst kleinere Feuerwehren die unterschiedlichsten Notlagen meistern können, um in Not geratene Menschen oder Tiere zu retten, Sachwerte zu erhalten und die Umwelt vor schädlichen Einwirkungen zu bewahren. Diesem Anspruch gewachsen zu sein, stellt hohe Anforderungen an die Einsatzbereitschaft der Feuerwehrangehörigen, an deren fachliche Kenntnisse und an ihre Ausstattung mit zeitgemäßen technischen Geräten.

Dabei ist zu berücksichtigen, dass die zur Erfüllung der umfangreichen Aufgaben der Feuerwehr notwendige Aus- und Weiterbildung von den meist nebenberuflich tätigen Angehörigen der Feuerwehren zusätzlich zu den weiter steigenden Anforderungen in deren Berufsleben und den vielfältigen Verpflichtungen im privaten oder familiären Bereich geleistet werden muss. Letztlich liegt es an jedem Feuerwehrangehörigen selbst, ob und in welchem Umfang er bereit ist, sich durch eine regelmäßige und aktive Teilnahme an der angebotenen Aus- und Weiterbildung den gesteigerten Anforderungen der Feuerwehr zu stellen.

Das Ziel der Broschürenreihe „Fachwissen Feuerwehr“ besteht darin, die Feuerwehrangehörigen mit dem Wissen auszustatten, das heute erforderlich ist, um aufgabengerecht und wirkungsvoll tätig zu werden. Sie wird vorrangig für die Feuerwehrangehörigen herausgegeben, die erstmals in das jeweilige Thema „einsteigen“ und für diejenigen, die sich ein solides Basiswissen aneignen möchten. Die Inhalte der Broschüren entsprechen weitgehend den Inhalten und Vorgaben der Feuerwehr-Dienstvorschrift FwDV 2 „Ausbildung der Freiwilligen Feuerwehren“ und den daraus abgeleiteten Lernzielkatalogen. Deshalb können diese Broschüren auch gut zur Lehrgangsvorbereitung und -begleitung genutzt werden.

Die Texte und Abbildungen sind in leicht verständlicher Weise dargestellt; Hinweise und Merksätze filtern die für die Praxis wichtigen Informationen heraus. Auf die Verwendung spezieller Formeln und wenig gebräuchlicher Begriffe und Einheiten wird weitgehend verzichtet. Die Angaben technischer Daten erfolgt ohne Gewähr. Die Funktionsbezeichnungen und personenbezogenen Begriffe gelten sowohl für weibliche als auch für männliche Feuerwehrangehörige.

Diese Broschüre „Gerätekunde – Arbeitsgerät“ befasst sich im Rahmen der weitreichenden Gerätekunde mit Arbeitsgeräten, die vornehmlich für Einsatzmaßnahmen im Bereich der Technischen Hilfeleistung oder als Hilfsmittel bei der Durchführung sonstiger Einsatzmaßnahmen verwendet werden. Damit die Einsatzkräfte der Feuerwehr mit diesen Geräten den größtmöglichen Erfolg erzielen können, müssen sie zunächst die jeweiligen Geräte, ihre Ausführungen und auch ihre Funktion genau kennen.

Ein sicherer und schneller Einsatzerfolg ist erreichbar, wenn die Einsatzkräfte darüber hinaus auch die zweckmäßige Bedienung und Anwendung der Arbeitsgeräte beherrschen und die jeweiligen Einsatzgrenzen und -grundsätze kennen. Deshalb wird nicht nur die Technik der Arbeitsgeräte beschrieben, sondern auch grundsätzliche Benutzungs- und Sicherheitshinweise für den Einsatz dieser Geräte.

Der Herausgeber bedankt sich besonders bei Herrn Joachim Müller von der Gemeinschaft Feuerwehrfachhandel Deutschland – gfd – für die freundliche Bereitstellung der Mehrzahl der Abbildungen.

Geseke, April 2019

Hans Kemper

Inhalt

1 Einleitung

Rettungs- und Hilfeleistungseinsätze der Feuerwehren erfordern häufig den Einsatz spezieller Geräte. So müssen im Rahmen dieser Einsätze oftmals Bauteile oder Gegenstände, zum Beispiel aus Holz, Stein, Metall, Kunststoff oder vergleichbaren Materialien durchtrennt werden, um die eigentliche Aufgabe der Rettung durchführen zu können. Das Ziehen von Gegenständen, das Anheben von Lasten sowie das Auseinanderdrücken von Bauteilen sind oft notwendig, um verunfallte Personen zu retten oder Freiraum für andere Einsatztätigkeiten zu schaffen.

Abbildung 1: Zugang schaffen – im Rahmen eines Einsatzes zur Brandbekämpfung (Quelle: Marc Köppelmann, Paderborn)

Für diese Einsatztätigkeiten verwenden die Feuerwehren unterschiedliche Arbeitsgeräte, die entsprechend ihrer jeweiligen Eignung und dem jeweiligen Einsatzzweck eingesetzt werden. Arbeitsgeräte dienen den Einsatzkräften zur Durchführung von Einsatzmaßnahmen im Bereich der Technischen Hilfeleistung oder als Hilfsmittel bei der Durchführung sonstiger Einsatzmaßnahmen. Vor allem auf Löschgruppenfahrzeugen und Rüstwagen werden von Hand zu betätigende beziehungsweise elektrisch, pneumatisch oder hydraulisch angetriebene Arbeitsgeräte mitgeführt. Aber auch auf sonstigen Feuerwehrfahrzeugen, die nicht unmittelbar für technische Einsatzmaßnahmen vorgesehen sind, werden bestimmte Arbeitsgeräte mitgeführt.

Art und der Umfang der auf Feuerwehrfahrzeugen mitgeführten feuerwehrtechnischen Beladungen, und somit auch der mitgeführten Arbeitsgeräte, sind in den Normblättern für die jeweiligen Typen der Feuerwehrfahrzeuge festgelegt. Dabei wird zwischen der so genannten Standardbeladung, die komplett auf dem jeweiligen Fahrzeug mitgeführt werden muss, und einer zusätzlichen Beladung nach örtlichen Belangen beziehungsweise auf Wunsch des Bestellers unterschieden. Die Zusammensetzung dieser Zusatzbeladungen ist auf die entsprechenden einsatztaktischen Erfordernisse der Feuerwehr abzustimmen und abhängig von den verbleibenden Raum- und Massenreserven des Feuerwehrfahrzeuges.

Die Feuerwehr-Dienstvorschrift FwDV 1 „Grundtätigkeiten – Lösch- und Hilfeleistungseinsatz“ beschreibt den erforderlichen Umgang mit bestimmten Arbeitsgeräten, die vornehmlich zur Ausrüstung und Beladung der Löschgruppenfahrzeuge, gegebenenfalls mit Zusatzbeladung, gehören sowie Arbeitsgeräten, die zur Ausrüstung und Beladung der Rüstwagen gehören.

Hinweis: Beim Umgang mit Arbeitsgeräten müssen die Bedienungs- und Sicherheitshinweise der Hersteller der Geräte unbedingt beachtet werden. Dies setzt eine umfassende Einweisung der Feuerwehrangehörigen in den Umgang mit den jeweiligen Arbeitsgeräten voraus.

2 Motorbetriebene Arbeitsgeräte

Die motorbetriebenen Arbeitsgeräte werden durch Verbrennungsmotoren oder Elektromotoren angetrieben. Tragbare Kettensägen, Trennschleifmaschinen, Lüftungsgeräte und Pumpenaggregate für hydraulische Rettungsgeräte können sowohl mit Verbrennungsmotoren als auch mit Elektromotoren ausgerüstet sein. Bei allen übrigen motorbetriebenen Arbeitsgeräten erfolgt der Antrieb ausschließlich über Elektromotoren.

■ Arbeitsgeräte mit Verbrennungsmotoren

Für den Antrieb dieser Arbeitsgeräte werden überwiegend 2-Takt-Benzinmotoren, teilweise auch 4-Takt-Benzinmotoren verwendet. Gestartet werden diese Verbrennungsmotoren in der Regel mit Seilzug-Starteinrichtungen (Reversierstarter). Zum Starten ist das Startseil am Handgriff herauszuziehen, bis der Anschlag (Kompression) spürbar ist. Dann ist das Seil kräftig herauszuziehen und langsam zurückzuführen.

In der DGUV Vorschrift 49 „Unfallverhütungsvorschrift – Feuerwehren" wird ausdrücklich darauf hingewiesen, dass Verbrennungsmotoren so zu betreiben sind, dass Feuerwehrangehörige durch die Abgase der Motoren nicht gefährdet werden. Dies wird durch eine entsprechende Abgasableitung erreicht. Aufgrund der von den Verbrennungsmotoren erzeugten Geräusche ist bei der Verwendung dieser Arbeitsgeräte in der Regel die Benutzung eines geeigneten Gehörschutzes notwendig. Im Bereich der Feuerwehr werden hierzu Kapselgehörschützer verwendet, die die Ohren der Feuerwehrangehörigen vollständig umschließen oder mindestens Gehörschutzstöpsel in Form von konischen PU-Schaumstöpseln.

In regelmäßigen Abständen sind die Arbeitsgeräte und deren Verbrennungsmotoren durch sachkundige Personen zu prüfen. Dabei sind die jeweiligen Bedienungsanleitungen der Hersteller der Geräte zu beachten. Beschädigte Geräte sind unverzüglich der Benutzung zu entziehen, gegebenenfalls instand zu setzen oder vollständig zu ersetzen.

■ Arbeitsgeräte mit Elektromotoren

Für den Antrieb dieser Arbeitsgeräte werden Elektromotoren mit einer Nennspannung von 230 Volt (oder auch 400 Volt) verwendet. Die Elektromotoren sind mit den üblichen Sicherheitseinrichtungen ausgestattet, zum Beispiel mit einem Überlastungsschutz, einer Anlaufstrombegrenzung, einem Wiederanlaufschutz und/oder einer Kabelzugentlastung.

In der DGUV Vorschrift 49 „Unfallverhütungsvorschrift – Feuerwehren" wird ausdrücklich darauf hingewiesen, dass nur solche Arbeitsgeräte verwendet werden dürfen, die entsprechend den zu erwartenden Einsatzbedingungen der Feuerwehr ausgelegt sind. Als Zuleitung für Arbeitsgeräte mit einer Nennspannung von 230 Volt sind Anschlussleitungen mit einem druckwasserdichten Schuko®-Stecker mit einem Bajonett-Überwurfring und Schutzkappe und einer Mindestlänge von 5,00 Meter vorgesehen.

Arbeitsgeräte mit Elektromotor sind nach jeder Benutzung einer Sichtprüfung – ohne Zuhilfenahme von Prüfmitteln – auf äußerlich erkennbare Schäden und Mängel zu unterziehen. Mindestens einmal jährlich sind diese Arbeitsgeräte gemäß der DGUV Vorschrift 3 „Elektrische Anlagen und Betriebsmittel" unter Berücksichtigung der DGUV Information 203–049 „Prüfung ortsveränderlicher elektrischer Betriebsmittel" durch eine befähigte Person oder eine Elektrofachkraft zu prüfen.

Für die Stromversorgung an Einsatzstellen sind grundsätzlich nur die Stromerzeuger der Feuerwehr einzusetzen. Sollte in Ausnahmefällen auf Grund der Einsatzsituation eine andere Stromentnahmestelle, zum Beispiel eine ortsfeste Elektroinstallation, genutzt werden, muss gemäß DGUV Vorschrift 49, Paragraph 29 „Gefährdung durch elektrischen Strom", eine geeignete Personenschutzeinrichtung zwischen der Steckdose der Elektroinstallation und dem elektrischen Arbeitsgerät eingesetzt werden. Die Personenschutzeinrichtung ist möglichst nah an der Stromentnahmestelle zu verwenden.

3 Tragbare Kettensägen

Tragbare Kettensägen können zum Trennen und Schneiden von Holzwerkstoffen oder – je nach technischer Ausstattung – auch zum Trennen und Schneiden von Verbundwerkstoffen verwendet werden. Sie werden zusammen mit dem entsprechenden Zubehör auf Löschgruppenfahrzeugen, Tanklöschfahrzeugen, Rüstwagen und Drehleitern mitgeführt.

3.1 Kettensägen zum Trennen von Holzwerkstoffen

Diese tragbaren Kettensägen können zum Trennen und Einschneiden von Holzbauteilen, zum Öffnen von Wänden, Decken und Fußböden aus Holz oder vergleichbaren Werkstoffen, zum Ablängen von Bauhölzern, zum Fällen von Bäumen, zum Schneiden von Astwerk und auch zum Auftrennen von gefrorenem Eis auf Gewässern verwendet werden. Von den Feuerwehren werden tragbare Kettensägen mit Verbrennungs- oder Elektromotoren eingesetzt. Die Schwertlängen dieser Kettensägen sind auf etwa 400 Millimeter festgelegt, die Nennleistung auf mindestens 3 400 Watt (Verbrennungsmotor) beziehungsweise mindestens 2 000 Watt (Elektromotor).

3.1.1 Kettensägen mit Verbrennungsmotor

Diese tragbaren Kettensägen gemäß DIN EN ISO 11681–1 bestehen im Wesentlichen aus einem Motorteil, den Handgriffen, einer Sägevorrichtung und den Sicherheitseinrichtungen. Das Motorteil besteht aus einem Einzylinder-Zweitakt-Motor, der Startvorrichtung mit Seilzug, dem Starthebel, dem Motorstoppschalter, dem Kraftstofftank und dem Kettenschmieröltank mit Ölpumpe. Über eine Fliehkraftkupplung wird bei einer entsprechenden Motordrehzahl der Kraftschluss zum Kettenantriebsrad (Kettenritzel) hergestellt. Im hinteren Handgriff sind der Gashebel und die Gashebelsperre zum Festsetzen des Gashebels in Startstellung angebracht. Dieser Handgriff schützt außerdem die Hand des Benutzers vor einer gegebenenfalls gerissenen und zurückschlagenden Sägekette und dient als Fußauflage beim Starten der Kettensäge. Der Kettenfänger schützt den Benutzer vor dem Zurückschlagen einer gerissenen Sägekette. Er fängt die Sägekette ab und lenkt sie

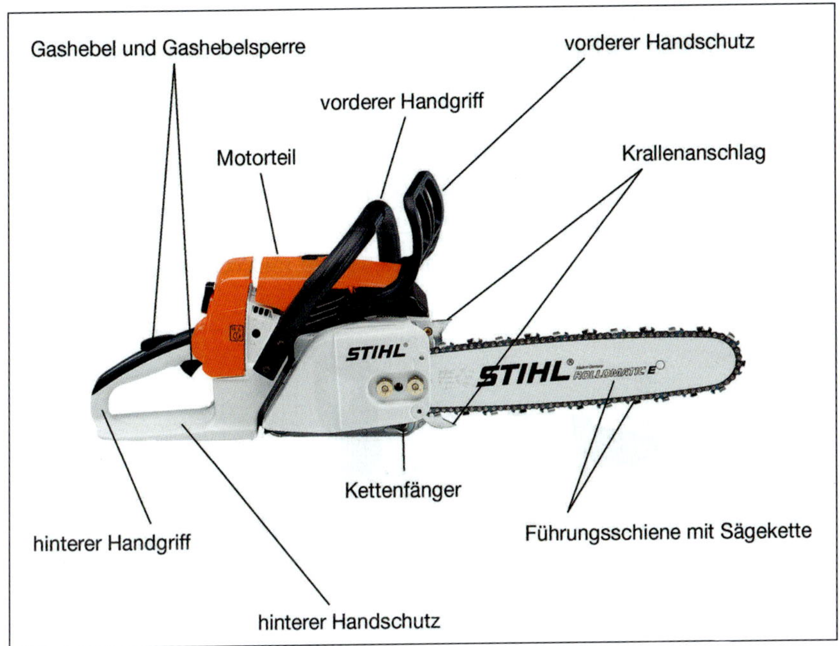

Abbildung 2: Tragbare Kettensäge zum Schneiden von Holzwerkstoffen (Quelle: © STIHL)

unter die Kettensäge. Der vordere Handgriff dient zum Tragen und zum Halten. Er ist so angelegt, dass senkrechte, waagerechte und schräge Sägeschnitte ausgeführt werden können. Weiterhin schützt er die Hand des Benutzers, falls die Kettensäge hochschlägt oder die Hand abrutscht. Durch die bewusste Berührung des Handrückens mit dem vorderen Handschutz oder durch das Zurückschlagen der Kettensäge wird die Kettenbremse ausgelöst und die Sägekette schlagartig stillgesetzt. Die Krallenanschläge dienen zur sicheren Führung der Kettensäge bei Fäll- und Trennschnitten.

Die Sägekette wird in der umlaufenden Nut der Führungsschiene geführt. Dazu ist die Sägekette unterseitig mit Treibgliedern versehen, die vom Kettenantriebsrad erfasst und weiterbewegt werden. Zur Verminderung der Abnutzung der Sägekette wird während des Betriebes Kettenschmieröl in die Nut der Führungsschiene eingeführt. Über eine Kettenspannvorrichtung (Langloch mit Spannschraube) wird die Sägekette gespannt.

3.1.2 Kettensägen mit Elektromotor

Diese tragbaren Kettensägen gemäß DIN EN 60745–2–13 bestehen grundsätzlich aus den gleichen Baugruppen – außer dem Antriebsmotor und der Starteinrichtung – wie die tragbaren Kettensägen mit Verbrennungsmotor.

Abbildung 3: Tragbare Kettensäge mit Elektromotor (Quelle: © STIHL)

3.2 Kettensägen zum Trennen von Verbundwerkstoffen

Tragbare Kettensägen mit einem verstellbaren Tiefenanschlag an der Führungsschiene – auch Rettungssägen genannt – können zum Trennen von Bauteilen aus anderen Werkstoffen, zum Beispiel Wärmedämmungen, Holzverschalungen (auch mit Schrauben, Nägeln, Nagelplatten oder Blechen), zum Trennen mehrschichtiger Dacheindeckungen mit verklebter Dachpappe, Sandwichplatten (Blech mit angeschäumtem Schaumstoff) und auch zum Trennen von Verbundglas oder Drahtglas, verwendet werden.

Diese Kettensägen bestehen grundsätzlich aus den gleichen Baugruppen wie die tragbaren Kettensägen mit Verbrennungsmotor zum Trennen von Holzbauteilen. Sie sind jedoch mit einem vorderen Rundumgriff und einem verstellbaren Tiefenanschlag ausgerüstet, der einen Großteil der Führungsschiene abdeckt und mit dem sich so die Schnitttiefe genau einstellen lässt. Für den speziellen Einsatzzweck sind die Kettensägen zum Trennen von Verbundwerkstoffen außerdem mit einer verstärkten, mit Hartmetall-Zähnen bestückten Sägekette, ausgestattet.

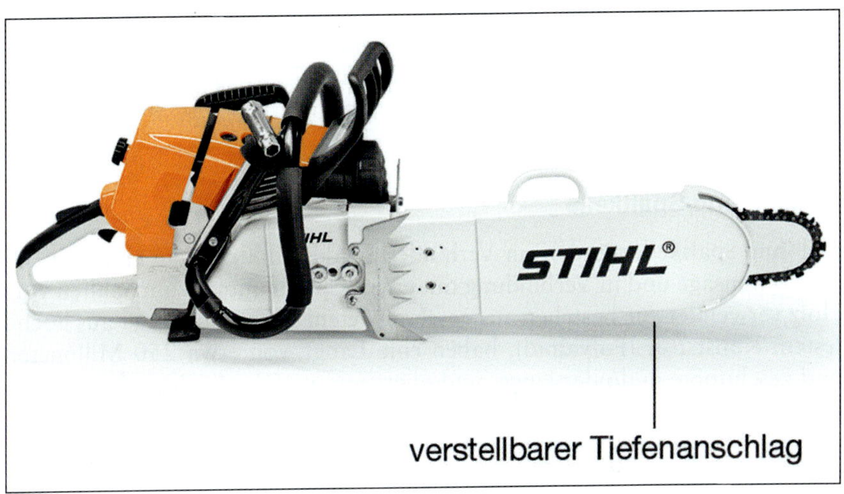

Abbildung 4: Tragbare Kettensäge zum Schneiden von Verbundstoffen (Quelle: © STIHL)

3.3 Zubehör für Kettensägen

Für den Einsatz der tragbaren Kettensägen werden verschiedene Zubehörteile benötigt. Diese werden meist zusammen mit den Kettensägen als vollständige Beladungssätze auf den Einsatzfahrzeugen mitgeführt. Im Beiblatt 1 der DIN 14800–18 sind die Ausrüstungen des Beladungssatzes A1 „Arbeiten mit der Kettensäge“ und des Beladungssatzes A2 „Arbeiten mit der Kettensäge zum Trennen von Verbundwerkstoffen“ aufgelistet.

Tabelle 1: Beladungssätze Kettensägen gemäß DIN 14800–18, Beiblatt 1

Beladungssatz		Benennung
A1	A2	
1 Stück	—	tragbare Kettensäge, Schwertlänge etwa 400 mm
—	1 Stück	tragbare Kettensäge, zum Trennen von Verbundwerkstoff
1 Stück	1 Stück	Ersatzkette für Kettensäge
2 Stück	2 Stück	Schutzkleidung für Benutzer von tragbaren Kettensägen
2 Stück	2 Stück	Schutzhelm für Benutzer von tragbaren Kettensägen
2 Stück	—	Fäll- und Spaltkeil, aus Aluminium, Kunststoff oder Holz
1 Stück	1 Stück	Doppelkanister, gefüllt mit 5 L Kraftstoff und 2 L Kettenöl
1 Stück	—	Spalthammer

■ Fäll- und Spaltkeile

Fäll- und Spaltkeile werden zur Verhinderung des Einklemmens einer laufenden Kettensäge und in Verbindung mit einem Spalthammer zum Spalten von Holz verwendet. Sie bestehen aus geschmiedetem Aluminium oder aus hochfestem Kunststoff (Polyamid), haben eine Länge von etwa 250 Millimeter und geschuppte und/oder längs- und quergenutete Oberflächen, die das Zurückspringen des Keils verhindern.

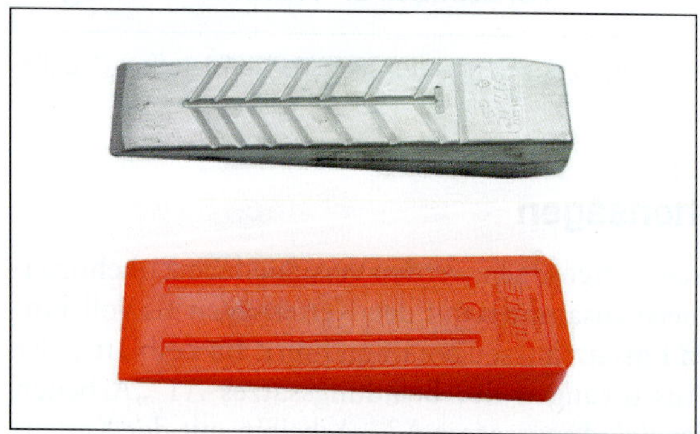

Abbildung 5: Fäll- und Spaltkeil aus Aluminium (oben; Quelle: Dönges GmbH & Co. KG) und Kunststoff (unten; Quelle: © STIHL)

Es dürfen nur Fäll- und Spaltkeile aus Aluminium oder Kunststoff verwendet werden. Diese splittern nicht und führen zu keinen besonderen Gefährdungen beim gleichzeitigen Einsatz einer tragbaren Kettensäge und eines Keils. Fäll- und Spaltkeile aus Stahl können dagegen beim Kontakt mit der Sägekette heftige Rückschläge und Kettenrisse verursachen. Auch beim Eintreiben mit einem Spalthammer kann es zu gefährlichen Materialabplatzungen kommen („Stahl auf Stahl").

■ Spalthammer

Ein Spalthammer ist eine besondere Form einer Axt zum Bearbeiten und Spalten von Holz und zum Eintreiben von Spalt- und Fällkeilen. Der Hammerkopf ist auf der Rückseite ballig rund als Schlagfläche ausgebildet. Die gegenüberliegende Schneide hat einen Winkel von etwa 30 Grad, um eine entsprechende Spaltwirkung zu erzielen. An der Unterseite der Schneide ist eine spitzförmige „Wendenase" angebracht, die zum Heranziehen oder zum Umdrehen von Holzstücken dient. Von den Feuerwehren werden Spalthämmer auch für andere Einsatzmaßnahmen eingesetzt, da sie im Vergleich zu einer Feuerwehraxt auch als Hammer eingesetzt werden können und durch das Kopfgewicht von etwa drei Kilogramm eine größere Einschlagwucht erzielt werden kann.

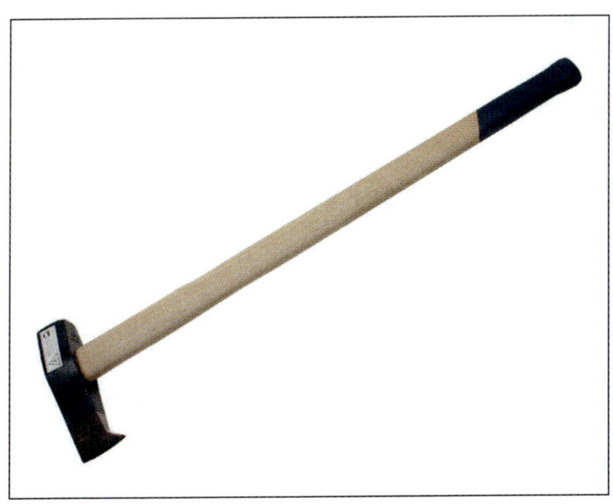

Abbildung 6: Spalthammer (Quelle: Dönges GmbH & Co. KG)

■ Doppelkanister

Die zu tragbaren Kettensägen mit Verbrennungsmotor gehörenden Doppelkanister aus Kunststoff (Polyethylen HDPE), sind mit fünf Liter Kraftstoff für den Motor der Kettensäge und zwei Liter Kettenschmieröl zur Schmierung der Sägekette gefüllt. Standardmäßig sind sie mit einem (oder zwei) handelsüblichen flexiblen Auslaufrohr(en) ausgestattet. Auf dem Doppelkanister ist eine Sicherheitskennzeichnung gemäß der „Verordnung über die Einstufung, Kennzeichnung und Verpackung von Stoffen und Gemischen (GHS-Verordnung)“ anzubringen.

Abbildung 7: Doppelkanister für Kraftstoff und Kettenöl (links; Quelle: © STIHL)
Sicherheitskennzeichnung für Doppelkanister (rechts; Quelle: Gemeinschaft Feuerwehrfachhandel Deutschland – gfd –)

3.4 Schutzausrüstung für Benutzer von Kettensägen

Wesentliche Voraussetzung für den sicheren Einsatz der tragbaren Kettensägen ist neben der einwandfreien Funktion der sicherheitstechnischen Einrichtungen der Kettensägen und der persönlichen und fachlichen Eignung der Benutzer vor allem die Verwendung einer für diese Tätigkeiten geeigneten Schnittschutzausrüstung, die zusätzlich zur persönlichen Schutzausrüstung zu tragen ist. Für jede auf Feuerwehrfahrzeugen mitgeführte tragbare Kettensäge sind deshalb zwei vollständige Garnituren geeigneter Schnittschutzausrüstung auf dem Fahrzeug mitzuführen.

Abbildung 8: Beispiele für Schnittschutzkleidung für Benutzer von tragbaren Kettensägen (Quelle: © STIHL)

Kopf-, Gesichts- und Gehörschutz

Bei Arbeiten mit einer tragbaren Kettensäge muss vom Benutzer mindestens ein Feuerwehrhelm mit Gesichtsschutz sowie ein geeigneter Gehörschutz getragen werden. Es wird jedoch empfohlen, einen speziellen Waldarbeiter-Schutzhelm zu tragen, der einen besseren Schutz bei derartigen Einsätzen bietet. Ein solcher Schutzhelm ist mit einem Gesichtsschutz aus einem Kunststoff-Gittergewebe zum Schutz vor Sägespänen, Splittern und peitschenden Ästen sowie mit am Helm angebrachten Kapselgehörschützern zum Schutz vor dem Lärm der Kettensäge ausgestattet.

Handschutz

Bei Arbeiten mit einer tragbaren Kettensäge muss diese vom Benutzer mit beiden Händen gehalten werden. Dazu reichen Arbeitshandschuhe oder Feuerwehrschutzhandschuhe, die einen sicheren Griff gewährleisten, aus. Einsatzkräfte, die gegebenenfalls zur Unterstützung der Sägearbeiten eingesetzt werden, müssen zum Schutz vor Schnittverletzungen im Handbereich jedoch Schutzhandschuhe tragen, die den **Anforderungen an Schutzhandschuhe für Kettensägen** gemäß DIN EN 381–7 entsprechen.

Beinschutz

Bei Arbeiten mit einer tragbaren Kettensäge muss vom Benutzer zum Schutz vor Schnittverletzungen im Beinbereich eine Latz- oder Bundhose mit rundumlaufender Schnittschutzeinlage (Form C, Schutzklasse 1) gemäß DIN EN 381–5 benutzt werden, oder alternativ spezielle Beinlinge, die über der Feuerwehrschutzhose getragen werden. Diese Schnittschutzkleidung besteht aus einem Baumwollmischgewebe, in das eine Schnittschutzeinlage eingearbeitet ist. Diese Einlage enthält mehrere Schichten mit einer Vielzahl langer Kunstfasern. Durchtrennt die laufende Kette der Säge die oberste Stoffschicht der Schnittschutzkleidung, werden ganze Faserbündel der Schnittschutzeinlage herausgerissen. Dies führt zu einer völligen Verstopfung des Kettenrades und so zum sofortigen Stillstand der Kettensäge.

■ Oberkörperschutz

Bei Arbeiten mit einer tragbaren Kettensäge muss vom Benutzer in der Regel kein spezieller Oberkörperschutz verwendet werden. Einsatzkräfte, die zur Unterstützung der Sägearbeiten eingesetzt werden, müssen zum Schutz vor Schnittverletzungen jedoch Schutzjacken tragen, die den **Anforderungen der** DIN EN 381–11 entsprechen.

■ Fußschutz

Bei Arbeiten mit einer tragbaren Kettensäge darf vom Benutzer das übliche Feuerwehrschutzschuhwerk getragen werden. Schutzstiefel mit Schnittschutzeinlagen gemäß DIN EN ISO 17249 sind für diese Arbeiten nicht zwingend vorgeschrieben. Das Tragen derartiger Schutzstiefel ist jedoch bei häufigem Einsatz und bei über die unmittelbare Gefahrenabwehr hinausgehenden Arbeiten mit Kettensägen sinnvoll.

3.5 Benutzung der Kettensägen

Bei der Inbetriebnahme und der Benutzung von tragbaren Kettensägen sind die Bedienungs- und Sicherheitshinweise des Herstellers sowie die folgenden Hinweise genau zu beachten.

- Die Kettenschärfe und -spannung sind zu prüfen. Die Kette ist bei nicht laufendem Motor nachzuspannen, der Motor dabei abzustellen.
- Die Kettensäge ist beim Starten auf dem Boden sicher abzustützen und mit einem Fuß auf dem hinteren Handgriff und einer Hand auf dem vorderen Handgriff festzuhalten. Die Führungsschiene muss dabei freistehen. Die Kette darf keine Berührung mit anderen Gegenständen haben und muss sich frei drehen können.
- Zum Starten ist das Startseil am Handgriff langsam herauszuziehen, bis der Anschlag (Kompression) spürbar ist. Dann ist das Seil kurz und kräftig herauszuziehen und langsam zurückzuführen.
- Vor Beginn der eigentlichen Sägearbeiten ist die Funktionsfähigkeit der Kettenbremse und der Kettenschmierung zu prüfen.

Nach einem Einsatz sind eine gründliche Reinigung und Wartung der Kettensäge erforderlich. Hierzu gehören auch das Nachfüllen von Kraftstoff und Kettenöl sowie die Kontrolle der Kette. Beim Transport und bei der Unterbringung im Einsatzfahrzeug muss ein Kettenschutz aus Kunststoff über die Führungsschiene geschoben werden, um Verletzungen des Benutzers durch einen Kontakt mit den scharfen Kettenzähnen zu verhindern.

Sicherheitshinweise:

- Arbeiten mit tragbaren Kettensägen dürfen nur speziell ausgebildete Einsatzkräfte durchführen.
- Beim Einsatz von Kettensägen die notwendige Schnittschutzkleidung, Gesichts- und Gehörschutz verwenden.
- Kettensäge nur mit nach hinten gerichteter Führungsschiene tragen.
- Beim Sägen auf einen sicheren Stand und auf Gleichgewicht achten und die Kettensäge immer mit beiden Händen halten.
- Stets mit einer scharfen Sägekette und mit Vollgas sägen und die Kettensäge dabei immer fest und mit beiden Händen halten.
- Mit laufender Kettensäge nicht rückwärtsgehen und bei einem Standortwechsel immer die Kettenbremse einlegen.
- Nicht mit einer Hand, nicht über Schulterhöhe und nicht von tragbaren Leitern aus sägen.
- Beim Sägen von Bäumen und starken Ästen Zug- und Druckspannungen im Holz beachten.
- Nicht sägen, wenn sich Einsatzkräfte oder sonstige Personen im Wirkungsbereich der Kettensäge aufhalten.
- Bei Einsatz vom Rettungskorb einer Drehleiter aus hält sich nur der Benutzer der Kettensäge im Rettungskorb auf. Ist ausnahmsweise eine weitere Einsatzkraft mit im Rettungskorb, muss diese Schnittschutzjacke und Schnittschutzhandschuhe tragen.

3.6 Selbstkontrolle und Testfragen

(Lösungen siehe Seite 112)

1. Womit werden Arbeitsgeräte mit Verbrennungsmotoren gestartet?

a) Mit einer hydraulischen Starteinrichtung
b) Mit einer Drehkurbel-Starteinrichtung
c) Mit einer Revisions-Starteinrichtung
d) Mit einer Reversier-Starteinrichtung (Seilzugstarter)

2. Welche Schutzeinrichtungen befinden sich an einer tragbaren Kettensäge?

a) Vorderer Handschutz
b) Motorteil
c) Mittlerer Handschutz
d) Hinterer Handschutz
e) Kettenfänger

3. Welche Bauteile können mit einer Kettensäge zum Trennen von Verbundstoffen getrennt werden?

a) Holzverschalungen, auch mit Schrauben, Nägeln oder Blechen
b) Mehrschichtige Dacheindeckungen mit verklebter Dachpappe
c) Sandwichplatten (Blech mit angeschäumtem Kunststoff)
d) Verbundglas und Drahtglas

4. Welche Schutzausrüstung ist als Kopf-, Gesichts- und Gehörschutz bei Arbeiten mit einer tragbaren Kettensäge zu tragen?

a) Ein Waldarbeiter-Schutzhelm mit Gesichtsschutz sowie einem am Helm angebrachten Kapselgehörschützer
b) Mindestens ein Feuerwehrhelm mit Nackenschutz und Schutzbrille
c) Mindestens ein Feuerwehrhelm mit Gesichtsschutz und Gehörschutz
d) Ein spezieller Industriehelm mit Schnittschutzeinlage

4 Trennschleifmaschinen

Trennschleifmaschinen werden im Rahmen von Einsatzmaßnahmen der Feuerwehr unter Verwendung geeigneter Trennschleifscheiben zum Schneiden von Öffnungen oder zum Durchtrennen von Bauteilen aus Metall, aus Nichteisenmetall, aus Stein oder aus Beton verwendet. Der Werkstoff und die Festigkeit der jeweiligen Trennscheiben bestimmen den Einsatzbereich der Trennschleifmaschinen und müssen entsprechend ausgewählt werden. Der Antrieb der Trennschleifmaschinen erfolgt entweder über einen Verbrennungsmotor oder einen Elektromotor.

4.1 Trennschleifmaschinen mit Verbrennungsmotor

Trennschleifmaschinen mit Verbrennungsmotor bestehen im Wesentlichen aus einem Motorteil, den Handgriffen, einem Trennsatzträger mit Keilriemenantrieb, einer Trennscheibe, einer Schutzhaube mit Verstellhebel sowie den Sicherheitseinrichtungen. Das Motorteil besteht aus einem Einzylinder-Zweitakt-Motor, der Startvorrichtung mit Seilzug (Reversierstarter), dem Starthebel, dem Motorstoppschalter und dem Kraftstofftank mit Verschlussdeckel und Ventil. Über eine Fliehkraftkupplung wird bei einer entsprechenden Motordrehzahl der Kraftschluss zur Keilriemenscheibe und somit zur Trennschleifscheibe hergestellt.

Der vordere Handgriff dient zum Tragen und Halten der Trennschleifmaschine. Er ist so angelegt, dass senkrechte, waagerechte und schräge Trennschnitte ausgeführt werden können. Im hinteren Handgriff sind der Gashebel, der Halbgasknopf und die Gashebelsperre zum Festsetzen des Gashebels in der Startstellung angebracht. Der Handgriff schützt die Hand des Benutzers und dient als Fußauflage beim Starten der Trennschleifmaschine.

Die für den Einsatz der Feuerwehren vorgesehenen Trennschleifmaschinen mit Verbrennungsmotor sind für Trennschleifscheiben mit einem Durchmesser von 350 Millimeter ausgerüstet und müssen über eine Antriebsleistung von mindestens 3 500 Watt verfügen.

Abbildung 9: Trennschleifmaschine mit Verbrennungsmotor (Quelle: Gemeinschaft Feuerwehrfachhandel Deutschland – gfd –)

4.2 Trennschleifmaschinen mit Elektromotor

Die von den Feuerwehren verwendeten Trennschleifmaschinen mit Elektromotor entsprechen den in Industrie und Handwerk weit verbreiteten und üblichen Trennschleifmaschinen. Diese bestehen im Wesentlichen aus einem Motorgehäuse mit einem Elektromotor, einem Handgriff mit Ein- und Ausschalter, einem Gehäuse mit Winkelgetriebe, einer Schutzhaube, einem Zusatzgriff mit isolierter Grifffläche und einer Anschlussleitung mit druckwasserdichtem Stecker. Auf die Schleifspindel des Winkelgetriebes wird der Aufnahmeflansch für die Trennschleifscheibe aufgesteckt und die Trennschleifscheibe mit der Spannmutter befestigt.

Abbildung 10: Trennschleifmaschine mit Elektromotor (Quelle: Hilti Deutschland AG)

Die speziell für Trennschleifarbeiten ausgelegte Schutzhaube umschließt die Hälfte der Trennschleifscheibe und wird mit einer Feststellschraube in der jeweils notwendigen Position fixiert. Die für den Einsatz der Feuerwehren vorgesehenen Trennschleifmaschinen mit Elektromotor haben eine Nennspannung von 230 Volt, sind für kunstharzgebundene Trennschleifscheiben mit einem Durchmesser von 230 Millimeter ausgerüstet und müssen über eine Antriebsleistung von mindestens 1 800 Watt verfügen.

4.3 Zubehör für Trennschleifmaschinen

Zum Zubehör einer Trennschleifmaschine gehören die entsprechenden Ersatz-Trennschleifscheiben, eine dicht am Auge schließende Schutzbrille, Feinstaubmasken mit Ausatemventil und – für die Trennschleifmaschinen mit Elektromotor – eine Personenschutzeinrichtung für Einsatzkräfte.

■ Trennschleifscheiben

Das Trennschleifen ist ein Zerspanungsvorgang, bei dem kleine und kleinste Späne von einem Werkstück abgetragen werden. Die dabei zum Einsatz kommenden Trennschleifscheiben bestehen aus einer Vielzahl von Schleifkörnern mit unterschiedlicher Korngröße, die die Schleifarbeit bewirken, und der Bindung, die die einzelnen Schleifkörner zusammenhält. Dabei wird zwischen kunstharzgebundenen Trennschleifscheiben und Diamant-Trennschleifscheiben unterschieden.

Abbildung 11: Beispiel für eine kunstharzgebundene Trennschleifscheibe (links; Quelle: © STIHL) und eine Diamant-Trennschleifscheibe (rechts; Quelle: Dönges GmbH & Co. KG)

- **Kunstharzgebundene Trennschleifscheiben** bestehen aus runden flachen etwa 3 Millimeter dicken Schleifkörpern, in denen die Schleifkörner in einer begrenzt-elastischen Kunstharzbindung eingebettet sind. Die Schleifkörper sind mit Gewebeeinlagen aus Glasfasern verstärkt und können so für ein manuelles, freihändiges Trennschleifen im trockenen Einsatz verwendet werden. Um ein Trennen von unterschiedlichen Werkstoffen zu ermöglichen, werden Trennschleifscheiben mit unterschiedlichen Arten von Schleifkörnern hergestellt, zum Beispiel mit Schleifkörnern aus Siliziumcarbid zum Trennen von Stein oder mit Schleifkörnern aus Aluminiumoxid zum Trennen von Stahl.

- **Diamant-Trennschleifscheiben** bestehen aus runden flachen Schleifkörpern aus Metall, deren äußere aufgegliederte Schneidkante mit kleinsten festhaftenden Industriediamanten bedeckt ist. Diamant-Trennschleifscheiben sind in der Regel nur zum Trennen von Beton, Naturstein, Mauerwerk oder vergleichbaren Materialien geeignet, bestimmte Sonderausführungen auch zum Trennen von Stahl, Metall und anderen Werkstoffen.

■ Schutzbrillen

Dicht am Auge schließende Schutzbrillen gemäß DIN EN 166 sind zu verwenden, wenn kleinste Fremdkörper auf die Augen treffen können, zum Beispiel Funken beim Einsatz einer Trennschleifmaschine. Dann reicht ein Gesichtsschutz am Feuerwehrhelm nicht aus, da die Funken unter den Gesichtsschutz gelangen können. Die Schutzbrillen müssen in Kombination mit einem Feuerwehrhelm tragbar und auch für die Verwendung durch Brillenträger geeignet sein.

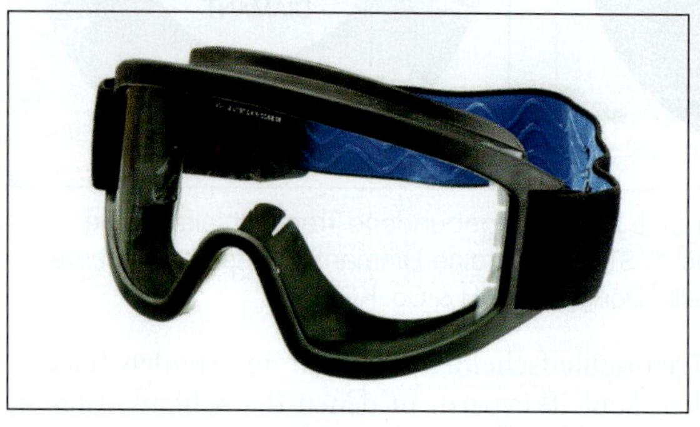

Abbildung 12:
Beispiel für eine dichtschließende Schutzbrille (Quelle: © Drägerwerk AG & Co. KGaA, Lübeck. Alle Rechte vorbehalten)

Bei den sogenannten Vollsichtbrillen werden die Augen durch eine umlaufende Dichtung geschützt. Den Dichtsitz gewährleistet ein einstellbares Kopfband. Der Brillenkörper besteht aus Polyurethan mit einer antikratzbeschichteten Doppelverglasung aus Polycarbonat. Beidseitig am Brillenkörper ist das Kopfband mit einem verstellbaren Gummizug befestigt.

■ Feinstaubmasken

Besteht bei der Durchführung von Einsatzmaßnahmen eine Gefährdung für die Atemorgane der Einsatzkräfte, zum Beispiel durch Feinstäube oder Glasstaub, müssen bei der Verwendung von Trennschleifmaschinen vom Benutzer Feinstaubmasken (Halbmasken) gemäß DIN EN 149 verwendet werden. Diese bestehen aus einem weichen mehrschichtigen Filtermaterial mit einem formbaren Nasenbügel und einem elastischen Kopfband für ein einfaches Anlegen der Feinstaubmaske.

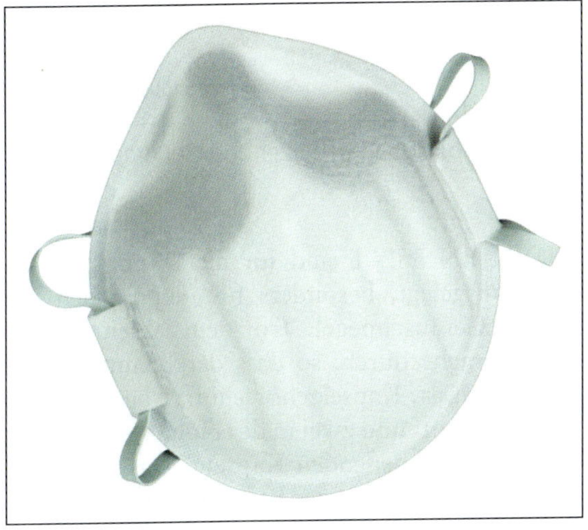

Abbildung 13:
Beispiel für eine Feinstaubmaske (Bild: MSA)

■ Gehörschutz

Aufgrund der beim Trennschleifen entstehenden Geräusche ist bei der Verwendung einer Trennschleifmaschine gegebenenfalls die Benutzung eines geeigneten Gehörschutzes notwendig. Im Bereich der Feuerwehr werden hierzu Kapselgehörschützer verwendet, die die Ohren komplett mit schalldämmenden Kapseln umschließen, oder Gehörschutzstöpsel in Form von konischen Schaumstöpseln.

Hinweis: Gehörschutzstöpsel sind die Mindestvoraussetzungen, die an den Gehörschutz der Feuerwehr gestellt werden.

Kapselgehörschützer

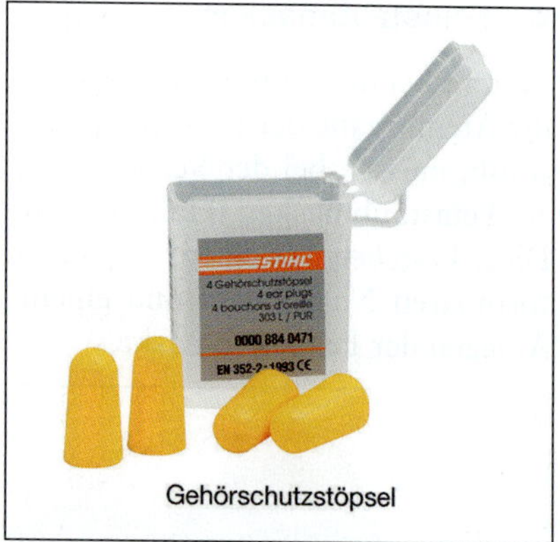

Gehörschutzstöpsel

Abbildung 14: Beispiele für einen Kapselgehörschützer und Gehörschutzstöpsel (Quelle: © STIHL)

Kapselgehörschützer gemäß DIN EN 352–1 sind für die Dämmung von mittlerer bis hoher Lautstärke ausgelegt, besonders für den Bereich der schrillen und gehörschädigenden Geräuschpegel. Trotzdem lassen sie eine ganze Reihe von Signalen und Sprache durch, so dass der Benutzer nicht völlig von der Umwelt abgeschlossen ist. Kapselgehörschützer bestehen aus einem Kopfbügel aus stabilem Kunststoff und zwei in der Höhe verstellbaren und um 360 Grad drehbaren ohrumschließenden Kapseln. Das Ohr wird komplett von den Kapseln umschlossen, die an der Berührungsstelle gepolstert und ansonsten mit schalldämmendem Schaumstoff ausgekleidet sind. Ein Kapselgehörschützer kann sowohl mit dem Bügel über dem Kopf als auch mit dem Bügel im Nacken getragen werden.

Gehörschutzstöpsel gemäß DIN EN 352–2 werden in Form von konischen Schaumstöpseln in zwei Größen hergestellt. Sie sind vergleichsweise kostengünstig und für den unregelmäßigen und einmaligen Gebrauch geeignet. Gehörschutzstöpsel werden zwischen den Fingern der Länge nach fest zusammengerollt. Mit einer Hand wird über den Kopf gegriffen und das Ohr etwas nach oben gezogen. Mit der anderen Hand wird der gerollte Stöpsel tief in den Gehörgang eingeführt und bis zu seiner Ausdehnung kurz festgehalten.

4.4 Benutzung der Trennschleifmaschinen

Bei der Inbetriebnahme und der Benutzung von Trennschleifmaschinen sind die Bedienungs- und Sicherheitshinweise des Herstellers sowie die folgenden Hinweise genau zu beachten.

- Vor der Inbetriebnahme ist zu prüfen, ob die Trennschleifscheibe für das zu trennende Material geeignet, unbeschädigt, ohne Risse oder Absplitterungen und frei drehbar ist.
- Die Schutzhaube ist so einzustellen, dass die von der Trennschleifscheibe abgetragenen Werkstoffpartikel den Benutzer nicht gefährden. Die Unterkante der Schutzhaube sollte parallel zur Schneidfläche stehen.
- Trennschleifmaschinen mit Verbrennungsmotor sind beim Starten auf dem Boden sicher abzustützen und mit einem Fuß auf dem hinteren Handgriff und einer Hand auf dem vorderen Handgriff festzuhalten. Die Trennscheibe darf keine Berührung mit dem Boden oder anderen Gegenständen haben und muss sich frei drehen können.
- Zum Starten ist das Startseil langsam herauszuziehen, bis der Anschlag (Kompression) spürbar ist. Dann ist das Seil kurz und kräftig herauszuziehen und wieder zügig zurückzuführen.
- **Achtung:** Die Trennschleifscheibe läuft nach dem Start bis zum Zurücknehmen des Gashebels zunächst mit!
- Trennschleifmaschinen mit Verbrennungsmotor dürfen erst nach Erreichen der Betriebsdrehzahl an der Schnittstelle angesetzt werden und die Schnitte sind stets mit Vollgas ausführen.
- Die Schnitttiefe soll maximal ein Drittel des Scheibenradius betragen.
- Damit eine unbeabsichtigte Inbetriebnahme vermieden wird, müssen Trennschleifmaschinen mit Elektromotor ausgeschaltet sein, wenn sie an eine Stromversorgung angeschlossen werden.
- Die Trennschleifmaschinen sind mit beiden Händen zu halten und über den Ein-/Ausschalter in Betrieb zu setzen.
- Nach der Benutzung einer Trennschleifmaschine mit Elektromotor, bei der Geräteeinstellung und beim Wechseln von Zubehörteilen ist der Netzstecker zu ziehen und die Stromversorgung zu trennen.

Nach einem Einsatz sind eine gründliche Reinigung und Wartung der Trennschleifmaschine erforderlich. Hierzu gehört auch die Kontrolle auf Abnutzung und gegebenenfalls das Auswechseln der Trennschleifscheibe. Das Auswechseln ist nur bei abgestelltem Motor beziehungsweise bei gezogenem Netzstecker durchzuführen. Dabei ist zu beachten, dass nur Trennschleifscheiben verwendet werden, die auf das zu trennende Material, den zulässigen Durchmesser für die jeweilige Trennschleifmaschine und deren zulässige Umfangsgeschwindigkeit abgestimmt sind.

Sicherheitshinweise:

- Arbeiten mit Trennschleifmaschinen dürfen nur fachlich geeignete und unterwiesene Einsatzkräfte durchführen.
- Beim Einsatz von Trennschleifmaschinen eine geeignete Schutzbrille, Schutzhandschuhe und Gehörschutz verwenden, bei einer Staubentwicklung zusätzlich eine geeignete Feinstaubmaske.
- Beim Einsatz auf einen sicheren Stand und auf Gleichgewicht achten und die Trennschleifmaschine immer mit beiden Händen halten.
- Trennschleifscheibe nicht ruckartig und ohne großen Druck aufsetzen.
- Die Trennschleifmaschine möglichst „ziehend“ einsetzen und Trennrichtung nach dem Ansetzen nicht mehr verändern, um ein Verkanten, ein Blockieren oder ein Brechen der Trennschleifscheibe zu vermeiden.
- Mit laufender Trennschleifscheibe nicht rückwärtsgehen und keinen Standortwechsel durchführen.
- Trennschleifmaschinen nicht über Schulterhöhe hinaus und nicht von tragbaren Leitern aus einsetzen.
- Beim Trennen von Bauteilen auf mögliche Druckspannungen und Zugspannungen in den Bauteilen achten. Zu trennende Bauteile nicht mit dem Fuß festhalten.
- Bei Rettungsarbeiten die betroffenen Personen vor Funkenflug und vor wegfliegenden Werkstoffpartikeln schützen. Weiterhin den erzeugten Lärm und die entstehenden Vibrationen berücksichtigen.
- Keine Trennschleifarbeiten in Bereichen mit Explosionsgefahr durchführen. Leicht entzündliche oder brennbare Stoffe und Gegenstände entfernen oder abdecken und Brandschutz sicherstellen.

4.5 Selbstkontrolle und Testfragen

(Lösungen siehe Seite 112)

1. Welchen Antrieb haben Trennschleifmaschinen?

a) Verbrennungsmotor
b) Handbetriebene Hydraulikpumpe
c) motorbetriebene Hydraulikpumpe
d) Elektromotor

2. Welche Materialien können mit Trennschleifmaschinen durchtrennt werden?

a) Metall
b) Holz
c) Beton
d) Kunststoff

3. Welche Anforderungen werden an Trennschleifscheiben gestellt?

a) Der Durchmesser der Trennschleifscheibe richtet sich nach der Art des zu trennenden Werkstoffs.
b) Der Durchmesser der Trennschleifscheibe richtet sich nach der Art des Trennschleifgerätes.
c) Die Art und die Ausführung der Trennschleifscheibe richten sich nach der Art des zu trennenden Werkstoffs.

4. Welche Sicherheitshinweise sind beim Einsatz von Trennschleifmaschinen zu beachten?

a) Beim Einsatz eine geeignete Schutzbrille tragen.
b) Beim Einsatz geeignete Schnittschutzkleidung tragen.
c) Trennschleifmaschine möglichst „ziehend“ einsetzen.
d) Trennschleifscheibe nicht ruckartig und ohne großen Druck aufsetzen.
e) Zu trennende Bauteile nicht mit dem Fuß festhalten.

5 Trenngeräte

Trenngeräte können – ähnlich wie tragbare Kettensägen oder Trennschleifmaschinen – je nach Art und Ausführung zum Durchtrennen von Bauteilen aus unterschiedlichen Werkstoffen verwendet werden.

5.1 Trenngeräte mit gegenläufigen Sägeblättern

Trenngeräte mit gegenläufig rotierenden Sägeblättern – auch Zwillingssägen, Rettungssägen oder gegenläufige Doppelblattkreissägen genannt – können zum Trennen von Blechen und Metallprofilen sowie von Verbundwerkstoffen verwendet werden.

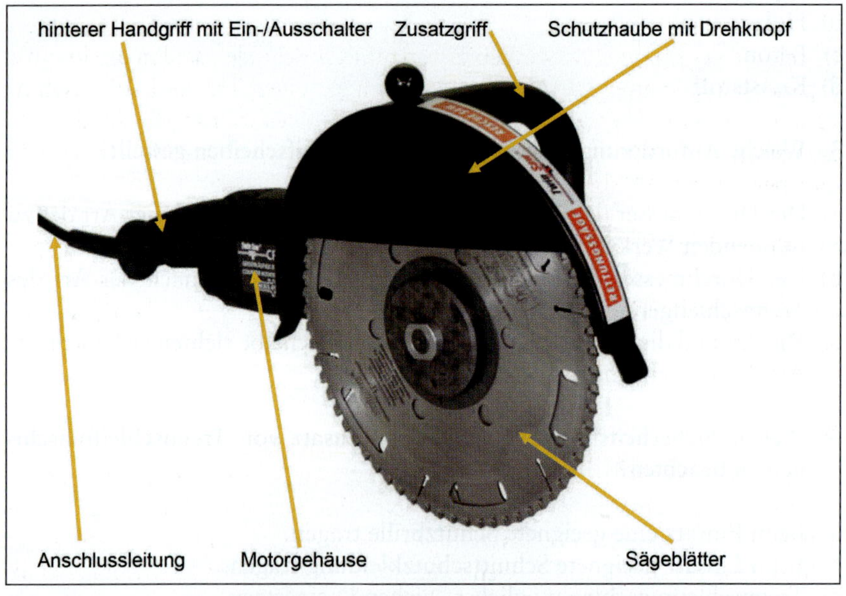

Abbildung 15: Trenngerät mit gegenläufig rotierenden Sägeblättern (Quelle: TwinSaw Rettungstechnik GmbH & Co. KG)

Steine, Beton oder vergleichbare Materialien, sowie Gummi, unbesandete Teerpappe oder bestimmte Kunststoffe, deren Abrieb sich in die Sägezähne oder in den schmalen Spalt zwischen den beiden Sägeblättern setzen kann, können jedoch nicht getrennt werden.

Diese Trenngeräte bestehen aus einem Motorgehäuse mit Elektromotor, einem Handgriff mit Ein-/Ausschalter, zwei gegenläufig rotierenden und mit Hartmetallzähnen bestückten Sägeblättern, einer verstellbaren Schutzhaube, einem Zusatzgriff und einer Anschlussleitung mit druckwasserdichtem Stecker. Im Zusatzgriff ist ein teilautomatisches Schmiersystem eingebaut, das der Schnittstelle der Sägeblätter ein spezielles Kühl-/Schmiermittel zuführt. Der Zusatzgriff ist zum Anpumpen mit einem Pumpknopf versehen. Dieser wird nur bei einer Neubefüllung und zu Beginn eines Trennvorganges betätigt, während des Trennens versorgt das System die Sägeblätter automatisch mit dem Kühl-/Schmiermittel.

Durch die gegenläufig wirkenden Zerspanungskräfte der beiden aneinander liegenden Sägeblätter und die im Vergleich zu einer Trennschleifmaschine geringere Drehzahl ergeben sich ein weitgehend reaktionsfreies Eindringen und ein gleichmäßiges laufruhiges Sägen. Beim Sägen von Metall entsteht darüber hinaus nur ein sehr geringer Funkenflug.

Die für den Einsatz der Feuerwehren vorgesehenen Trenngeräte mit gegenläufig rotierenden Sägeblättern müssen eine Schnitttiefe von mindestens 63 Millimeter erreichen, eine Nennspannung von 230 Volt haben und über eine Antriebsleistung von mindestens 2 000 Watt verfügen.

5.2 Zubehör für Trenngeräte

Zum Zubehör dieser Trenngeräte gehören ein Satz Werkzeug, ein Paar Ersatzsägeblätter und ein Behälter mit einem Liter Kühl-/Schmiermittel. Zusätzlich sollten für den Einsatz dieses Trenngerätes eine dicht am Auge schließende Schutzbrille, gegebenenfalls Feinstaubmasken sowie eine Personenschutzeinrichtung für Einsatzkräfte bereitgestellt werden.

5.3 Benutzung der Trenngeräte

Bei der Inbetriebnahme und der Benutzung von Trenngeräten mit gegenläufig rotierenden Sägeblättern sind die in der jeweiligen Gebrauchsanleitung des Herstellers aufgeführten Bedienungshinweise und Sicherheitshinweise sowie die folgenden Hinweise genau zu beachten:

- Damit eine unbeabsichtigte Inbetriebnahme vermieden wird, muss das Trenngerät ausgeschaltet sein, wenn es an eine Stromversorgung angeschlossen wird.
- Zum Schutz vor den scharfen Zähnen der Sägeblätter ist die Schutzhaube so einzustellen, dass der kleinstmögliche Teil der Sägeblätter offen zum Benutzer zeigt.
- Das Trenngerät ist nach Erreichen der Betriebsdrehzahl auf das Material aufzusetzen und mit leichtem Druck in das Material zu drücken.
- Die Vorwärtsbewegung ist bei laufenden Sägeblättern laufend zu unterbrechen und das Trenngerät dabei etwas zurückzuziehen. Mit kurzen Rückziehern – deren Häufigkeit in Abhängigkeit vom geschnittenen Material steht – ist dann weiter zu sägen.
- Das Trenngerät ist dabei ruhig und kontinuierlich zu führen, um schlagartige Belastungen zu vermeiden und Zahnbruch zu verhindern.
- Nach der Benutzung, bei der Geräteeinstellung und beim Wechseln von Zubehörteilen ist der Netzstecker aus der Steckdose zu ziehen.

Nach einem Einsatz sind eine gründliche Reinigung und Wartung entsprechend den Gebrauchsanleitungen des Herstellers des Trenngerätes erforderlich. Dazu gehört auch die Kontrolle auf Abnutzung und gegebenenfalls das Auswechseln der Sägeblätter. Diese sind grundsätzlich nach jedem Einsatz zu demontieren und auf Fremdkörper und Beschädigungen zu kontrollieren. Sind zum Beispiel mehr als sechs Zähne über den ganzen Durchmesser oder drei Zähne hintereinander defekt, können die Sägeblätter nur noch für Übungen verwendet werden Die Sägeblätter sollten darüber hinaus möglichst frühzeitig nachgeschliffen werden, um eine entsprechende Schnittleistung zu erreichen und Ermüdungsbrüche der Zähne zu vermeiden.

Sicherheitshinweise:

- Arbeiten mit Trenngeräten dürfen nur fachlich geeignete und unterwiesene Einsatzkräfte durchführen.
- Beim Einsatz der Trenngeräte einen Helm mit Gesichtsschutz, eine Schutzbrille, Schutzhandschuhe und gegebenenfalls Gehörschutz verwenden. Das Tragen einer Schnittschutzhose oder von Beinlingen wird empfohlen.
- Beim Einsatz auf einen sicheren Stand und auf Gleichgewicht achten und das Trenngerät immer mit beiden Händen halten.
- Trenngerät nicht verkanten.
- Mit laufendem Trenngerät nicht rückwärtsgehen und keinen Standortwechsel durchführen.
- Trenngerät nicht über Brusthöhe hinaus und nicht von tragbaren Leitern aus einsetzen.
- Beim Trennen von Bauteilen auf mögliche Druckspannungen und Zugspannungen in den Bauteilen achten. Zu trennende Bauteile nicht mit dem Fuß festhalten.
- Bei Rettungsarbeiten die betroffenen Personen vor Funkenflug und vor wegfliegenden Werkstoffpartikel schützen. Weiterhin den erzeugten Lärm und die entstehenden Vibrationen berücksichtigen.
- Keine Trennarbeiten in Bereichen mit Explosionsgefahr durchführen. Leicht entzündliche oder brennbare Stoffe und Gegenstände entfernen oder abdecken und Brandschutz durch geeignete Löschmittel und -geräte sicherstellen.

6 Lüftungsgeräte

Damit bei Bränden in Räumen oder in Gebäuden zum einen der Brandrauch abgeführt und so die Sichtverhältnisse und die Rettungsmöglichkeiten für die Einsatzkräfte verbessert werden und zum anderen die entstandene Wärme abgeführt und so eine wirksame Brandbekämpfung im Innenangriff ermöglicht wird, setzen die Feuerwehren tragbare Lüftungsgeräte ein. Mit diesen Geräten werden Luftströmungen in den betroffenen Räumen oder Gebäuden erzeugt, die für eine gezielte Rauch- und Wärmeabfuhr sorgen. Die tragbaren Lüftungsgeräte unterscheiden sich durch ihre Antriebsart, ihr Funktionsprinzip und ihren Luftdurchsatz.

6.1 Lüftungsgeräte zum Belüften

Lüftungsgeräte zum Belüften von Räumen und Gebäuden – auch Hochleistungslüfter oder Überdrucklüfter genannt – erzeugen einen gerichteten Luftstrom zwischen einer Zuluftöffnung (Tür oder Fenster) vor einem Gebäude und einer Abluftöffnung (Tür, Fenster oder ähnlich) am Gebäude, durch die der Rauch und die Wärme aus dem Gebäude entweichen. Dazu werden Lüftungsgeräte nach bestimmten einsatztaktischen Grundsätzen und in Abhängigkeit von der Ausführung des Gerätes außerhalb des Gebäudes vor einer Zuluftöffnung aufgestellt und betrieben. Lüftungsgeräte zum Belüften werden in unterschiedlichen Ausführungen, Größen und Luftförderleistungen angeboten. Durch die jeweilige Größe und Bauform des Lüfterrades wird entweder ein großer Luftkegel mit geringerer Luftgeschwindigkeit (sogenannte „Propellerlüfter“) oder ein kleiner Luftkegel mit jedoch höherer Luftgeschwindigkeit (sogenannte „Turbinenlüfter“) erzeugt. Als Antrieb für das Lüfterrad werden Verbrennungs- oder Elektromotoren oder Wasserturbinen verwendet. Der grundsätzliche Aufbau der Lüftungsgeräte besteht aus einem Traggestell mit Transportbügel und Kippwinkelverstellung, aus Standfüßen und gegebenenfalls zusätzlichen Transporträdern, aus einem von einem Schutzgehäuse mit Schutzgitter umschlossenen Lüfterrad und aus der jeweiligen Antriebseinheit.

6.1.1 Lüftungsgeräte mit Verbrennungsmotor

Zum Antrieb des Lüfterrades dieser tragbaren Lüftungsgeräte werden Einzylinder-Viertakt-Motoren (oder Einzylinder-Zweitakt-Motoren) verwendet. Die Leistungen dieser Motoren liegen je nach Hersteller und Typ der Lüftungsgeräte zwischen 1,5 und 12,5 Kilowatt, die Luftförderleistungen am Lüfterrad zwischen 20 000 und 95 000 Kubikmeter pro Stunde. Lüftungsgeräte mit Verbrennungsmotoren können bedingt durch ihren Antrieb sehr mobil und unabhängig von Leitungen oder Schläuchen aufgestellt und eingesetzt werden. Sie erzeugen jedoch erheblichen Lärm, können nur in begrenztem Umfang schräg gestellt und dürfen nicht in explosionsgefährdeten Bereichen eingesetzt werden.

Abbildung 16:
Lüftungsgerät mit Verbrennungsmotor (Quelle: LEADER GmbH)

Hinweis: Lüftungsgeräte mit Verbrennungsmotoren dürfen nur außerhalb von Gebäuden eingesetzt werden. Damit vermieden wird, dass dabei die entstehenden Abgase des Verbrennungsmotors vom Lüfterrad angesaugt und so in den Luftstrom und in den betroffenen Gebäudebereich gelangen, müssen beim Betrieb dieser Lüftungsgeräte die Abgase immer über einen Abgasschlauch in geeigneter Weise abgeleitet werden.

6.1.2 Lüftungsgeräte mit Elektromotor

Zum Antrieb des Lüfterrades dieser tragbaren Lüftungsgeräte werden Elektromotoren mit einer Nennspannung von 230 Volt (oder 400 Volt) verwendet. Die Luftförderleistungen liegen je nach Hersteller und Typ zwischen 15 000 und 45 000 Kubikmeter pro Stunde. Für den Betrieb dieser Lüftungsgeräte müssen erst die notwendigen elektrischen Leitungen zu feuerwehreigenen Stromerzeugern verlegt werden. Gegenüber den Lüftungsgeräten mit Verbrennungsmotoren haben Lüftungsgeräte mit Elektromotoren aber den Vorteil der geringeren Geräuschentwicklung und der Abgasvermeidung. Weiterhin können sie im Rahmen bestimmter Einsätze, zum Beispiel zum Belüften von Gruben, Lichtschächten oder Kanalsystemen, lageunabhängig – auch waagerecht liegend – eingesetzt werden.

Durch die Verwendung geeigneter Materialien und die Vermeidung von statischen Aufladungen durch das Material, durch eine entsprechende Konstruktion und elektrische Ausstattung können bestimmte Ausführungen dieser Lüftungsgeräte für den Einsatz in explosionsgefährdeter Umgebung zugelassen sein.

6.1.3 Lüftungsgeräte mit Akku-Betrieb

Zum Antrieb des Lüfterrades dieser tragbaren Lüftungsgeräte werden ebenfalls Elektromotoren mit einer Nennspannung von 230 Volt verwendet. Die Energieversorgung erfolgt entweder über eine Anschlussleitung aus Stromnetzen oder über die eingebauten Nickel-Metallhydrid-Akkumulatoren (NiMH-Akkus). Beim Betrieb über den 230-Volt-Anschluss werden gleichzeitig die Akkumulatoren aufgeladen. Die Laufzeit im Akku-Betrieb beträgt bei Volllast etwa 20 bis 45 Minuten.

Tragbare Lüftungsgeräte mit Akku-Betrieb sind im Vergleich zu herkömmlichen Lüftungsgeräte sehr kompakt gebaut, leicht tragbar und handlich. Sie sind sofort einsetzbar und können schnell in Betrieb genommen werden, entweder eigenständig oder noch bevor die notwendigen elektrischen Leitungen zum feuerwehreigenen Stromerzeuger verlegt wurden.

Abbildung 17:
Lüftungsgerät mit Akku-Betrieb (Quelle: LEADER GmbH)

6.1.4 Lüftungsgeräte mit Wasserturbine

Zum Antrieb des Lüfterrades dieser Lüftungsgeräte werden Wasserturbinen verwendet. Im Gehäuse der Wasserturbinen wird ein mehrflügeliges Turbinenrad durch strömendes Wasser in Drehbewegung versetzt. Die Luftförderleistungen liegen je nach Hersteller und Typ der Lüftungsgeräte zwischen 15 000 und 50 000 Kubikmeter pro Stunde. Bestimmte Lüftungsgeräte verfügen über ein handradbetätigtes Regelventil an der Eingangsseite, mit dem die Drehzahl unabhängig vom Förderdruck der Feuerlöschkreiselpumpe verstellt werden kann. Die Wasserturbinen sind in der Regel eingangs- und ausgangsseitig jeweils mit einer B-Festkupplung ausgestattet und werden von einem Löschfahrzeug mit Löschwasserbehälter aus betrieben.

Dazu wird vom Druckausgang der Feuerlöschkreiselpumpe eine B-Schlauchleitung zur Eingangsseite der Wasserturbine und von der Ausgangsseite eine B-Schlauchleitung zum Tankfüllanschluss des Löschmittelbehälters am Löschfahrzeug verlegt. Für den wirksamen Betrieb des Lüftungsgerätes ist dann ein Betriebsdruck von etwa 12 Bar erforderlich.

Abbildung 18:
Beispiel für ein Lüftungsgerät mit Wasserturbine (Quelle: GRENZ TEC GmbH)

Lüftungsgeräte mit Wasserturbine werden üblicherweise aufrechtstehend betrieben. Dabei kann über die Kippwinkelverstellung des Rahmens die Neigung der Geräte an die Einsatzerfordernisse angepasst werden. Konstruktionsbedingt können diese Lüftungsgeräte auch waagerecht liegend eingesetzt werden, zum Beispiel zum Belüften von Gruben, Lichtschächten oder Kanalsystemen. Beim waagerechten Betrieb ist besonders darauf zu achten, dass die angeschlossenen Schläuche nicht abgeknickt werden. Beim Betrieb der Lüftungsgeräte mit Wasserturbine ist weiterhin zu beachten, dass ein Stellungswechsel aufgrund der angeschlossenen (und unter Druck stehenden) B-Schläuche oft nur mit größerem Aufwand und nur beim Stillstand des Gerätes und druckentlasteten B-Schläuchen möglich ist.

Die Lüftungsgeräte mit Wasserturbine verfügen in der Regel über ein Wassereinspritzsystem mit einer Leistung bis zu 30 Liter pro Minute, mit dem ein Teil des für den Antrieb des Lüfters verwendeten Wassers bei Bedarf in den erzeugten Luftstrom eingespritzt werden kann. Der dabei erzeugte feine Wassernebel dient aufgrund der Verbrühungsgefahr durch Wasserdampfbildung jedoch nicht zur Brandbekämpfung. Der Wassernebel wird vielmehr zum Kühlen von Objekten oder zum Niederschlagen von Schadstoffwolken bei Gefahrguteinsätzen eingesetzt.

6.2 Lüftungsgeräte zum Be- und Entlüften

Lüftungsgeräte zum Be- und Entlüften können wie die sonstigen Lüftungsgeräte zum Belüften von Räumen und Gebäuden eingesetzt werden. Unter Verwendung spezieller Saug- und Drucklutten können diese Geräte außerdem zum Entlüften von Gebäuden, schwer zugänglichen oder tiefliegenden Räumen, Behältern oder Schächten eingesetzt werden. Die für den Einsatz der Feuerwehren vorgesehenen Geräte müssen über eine wirksame Luftförderleistung von mindestens 10.000 Kubikmeter pro Stunde verfügen.

Abbildung 19:
Tragbares Lüftungsgerät zum Be- und Entlüften (Quelle: B.S. BelüftungsGmbH)

Lüftungsgeräte zum Be- und Entlüften werden mit Elektromotoren mit einer Nennspannung von 230 oder 400 Volt betrieben und sind in der Regel für den Einsatz in explosionsgefährdeten Bereichen ausgerüstet und zugelassen. Die Luftförderleistung ist geringer als bei Lüftungsgeräten, die ausschließlich zum Belüften vorgesehen sind.

Zum Entlüften können an diesen Geräten saugseitig spezielle spiralverstärkte Sauglutten (gestreckte Länge etwa 5,00 Meter) mit Hilfe von Vorsatzflanschen und Verbindungsschellen befestigt werden, die auch bei dem im Saugbetrieb entstehenden Unterdruck ihre äußere Form behalten.

Zur Fortleitung der angesaugten belasteten Luft oder des Rauches – zum Beispiel durch nicht betroffene Bereiche – können an diesen Lüftungsgeräten druckseitig spezielle Drucklutten aus transparentem Kunststoff (gestreckte Länge bis etwa 20,00 Meter) mit Hilfe von Vorsatzflanschen und Verbindungsschellen befestigt werden.

Hinweis: Durch die Verwendung spezieller Zubehörteile, zum Beispiel Wasserteil mit Siebkegel und Zumischteil mit C-Kupplung, können diese Lüftungsgeräte im Rahmen von Brandbekämpfungsmaßnahmen auch für die Erzeugung von Leichtschaum eingesetzt werden.

6.3 Benutzung der Lüftungsgeräte

Bei der Inbetriebnahme und der Benutzung von Lüftungsgeräten sind die Bedienungs- und Sicherheitshinweise des Herstellers sowie die folgenden Hinweise genau zu beachten:

- Während des Betriebes muss das Lüftungsgerät auf einem ebenen und rutschfesten Untergrund stehen.
- Zwischen dem Lüftungsgerät und der Öffnung des zu belüftenden Bereiches darf sich kein Hindernis befinden. Das Lüftungsgerät ist vor der Einblasöffnung entsprechend auszurichten und der erforderliche Neigungswinkel einzustellen.
- Während des Betriebes muss laufend geprüft werden, dass der Luftstrom ungehindert ins Gebäudeinnere eindringen kann und dass das saugseitige Gitter des Lüftungsgerätes nicht verstopft ist.
- Beim Einsatz eines Lüftungsgerätes mit Verbrennungsmotor wird der Motor mit dem Seilzugstarter gestartet und dann auf die gewünschte Leistung/Drehzahl eingestellt.
- Während des Betriebes ist darauf zu achten, dass ein Verbrennungsmotor aufgrund seiner Bauart immer Schwingungen erzeugt. Bei voller Drehzahl verringern sich die Schwingungen und verbessern die Standfähigkeit des Gerätes, insbesondere wenn der Boden uneben ist.
- Während des Einsatzes darf kein Kraftstoff nachgefüllt werden, solange der Motor noch läuft oder noch heiß ist.

- Beim Einsatz eines Lüftungsgerätes mit Elektromotor muss ein Stromerzeuger mit einer bestimmten Mindestleistung bereitgestellt werden, da die Elektromotoren einen großen Anlaufstromverbrauch haben.
- Die notwendigen elektrischen Leitungen sind zwischen dem Lüftungsgerät und dem Stromerzeuger zu verlegen und entsprechend anzuschließen. Beim Verlegen der elektrischen Leitungen sind die jeweiligen Sicherheitsvorschriften zu beachten, zum Beispiel das vollständige Abrollen der Leitung vom Leitungsroller oder die maximal zulässigen Leitungslängen.
- Beim Einsatz eines Lüftungsgerätes mit Wasserturbine ist darauf zu achten, dass etwa 2,00 Meter nach dem Gerät die Schlauchleitungen geradlinig verlegt werden. Die Schlauchleitungen sind langsam zu füllen und unter Druck zu setzen. Dabei sind die Verlegung der Schlauchleitungen zu überprüfen und Knickstellen zu beseitigen.
- Bei Temperaturen um den Gefrierpunkt muss solange Wasser durch die Schläuche, Armaturen und Wasserturbine zirkulieren, bis der Einsatz beendet ist. Dann sind die Schläuche, Armaturen und Wasserturbine unverzüglich zu entwässern und ihre vollständige Entleerung zu prüfen. Eingefrorene Geräte sind in einem geheizten Raum langsam aufzutauen.
- Beim Einsatz eines Lüftungsgerätes zum Be- und Entlüften (zusammen mit Lutten) ist bei der Aufstellung an der Einsatzstelle zunächst die Wirkrichtung des Gerätes, das heißt, die Seite des Lufteintritts (Saugseite) beziehungsweise des Luftaustritts (Druckseite), zu beachten. Das Be- und Entlüftungsgerät ist elektrisch anzuschließen und einzuschalten.
- Die Sauglutte kann an der Lufteintrittsseite des Gerätes angeschlossen werden, in bestimmten Einsatzsituationen auch an der Luftaustrittsseite, die Drucklutte jedoch nur an der Luftaustrittsseite des Gerätes.
- Während des Betriebes ist darauf zu achten, dass die Drucklutte knickfrei verlegt ist, um damit einen unnötigen Luftwiderstand zu vermeiden.

Nach einem Einsatz sind eine gründliche Reinigung und Wartung entsprechend den Gebrauchsanleitungen des Herstellers des Lüftungsgerätes erforderlich. Hierzu gehört auch die Kontrolle auf Abnutzung, auf Schäden am Lüfterrad oder Lüfterradgehäuse, auf festen Sitz und Zustand der Schutzgitter und auf Festigkeit aller Verschraubungen. An Lüftungsgeräten mit Wasserturbine ist nach dem Einsatz über das Entwässerungsventil eine Druckentlastung durchzuführen und das Gehäuse der Wasserturbine vollständig zu entwässern.

Sicherheitshinweise:

- Arbeiten mit Lüftungsgeräten dürfen nur fachlich geeignete und unterwiesene Einsatzkräfte durchführen.
- Beim Einsatz der Lüftungsgeräte geeigneten Gehörschutz tragen, wenn sich die Einsatzkraft / Bedienperson für längere Zeit in unmittelbarer Nähe des laufenden Lüftungsgerätes aufhalten muss.
- Nicht im Luftstrom des Lüftungsgerätes aufhalten. Es besteht die Gefahr, von angesaugten Fremdkörpern im Luftstrom getroffen zu werden. Ebenso können lockere Gegenstände, zum Beispiel kleine Steine oder Brandschutt vom Lüftungsgerät angesaugt und herausgeschleudert werden.
- Lüftungsgeräte im Bereich explosionsgefährdeter Umgebungen nur einsetzen, wenn sie ausdrücklich für diese Einsatzbereiche zugelassen und zertifiziert sind.
- Vor einem Standortwechsel/Umsetzen eines Lüftungsgerätes das Gerät auf Leerlaufdrehzahl zurückfahren.
- Lüftungsgeräte mit Verbrennungsmotoren nicht in geschlossenen Räumen verwenden.
- Bei der Verwendung von Lüftungsgeräten mit Verbrennungsmotoren im Freien einen Abgasschlauch am Gerät anschließen und in geeigneter Weise verlegen.

6.4 Selbstkontrolle und Testfragen

(Lösungen siehe Seite 112)

1. Welche Antriebsarten sind für Lüftungsgeräte vorgesehen?

a) Verbrennungsmotoren
b) Fliehkraftmotoren
c) Elektromotoren
d) Wasserturbinen
e) Kreiselpumpen

2. Aus welchen Baugruppen besteht ein Lüftungsgerät zum Belüften?

a) Traggestell mit Transportbügel und Kippwinkelverstellung
b) Standfüße und gegebenenfalls zusätzliche Transporträder
c) Schutzgehäuse mit Schutzgitter
d) Lüfterrad mit Antriebseinheit

3. Wie können Lüftungsgeräte zum Be- und Entlüften eingesetzt werden?

a) Zum Belüften von Räumen und Gebäuden
b) Zum Entlüften von Gebäuden (mit Saug- und Drucklutten)
c) Zum Erzeugen von Wassernebel (mit Wassereinspritzsystem)
d) Zum Erzeugen von Leichtschaum (mit speziellen Zubehörteilen)

4. Welche Hinweise sind beim Einsatz von Lüftungsgeräten zu beachten?

a) Während des Betriebes muss das Lüftungsgerät auf einem ebenen und rutschfesten Untergrund stehen.
b) Während des Betriebes muss laufend geprüft werden, ob der Luftstrom ungehindert ins Gebäudeinnere eindringen kann.
e) Schlauchleitungen für Lüftungsgeräte mit Wasserturbine in Buchten verlegen, füllen und unter Druck setzen.

7 Sonstige motorbetriebene Arbeitsgeräte

Neben den speziell für den Einsatz der Feuerwehr hergestellten motorbetriebenen Arbeitsgeräten werden auch bestimmte handelsübliche Motorgeräte auf Einsatzfahrzeugen mitgeführt und von den Einsatzkräften bedarfsgerecht eingesetzt. Diese motorbetriebenen Arbeitsgeräte entsprechen in der Regel den Geräten, die auch als „Profi-Geräte" in Industrie oder Handwerk verwendet werden.

7.1 Säbelsägen

Säbelsägen sind elektrisch betriebene Pendelhubsägen mit auswechselbaren Sägeblättern zum Schneiden verschiedener Werkstoffe. Je nach Ausführung und Verzahnung der Sägeblätter lassen sich Metalle, Nichteisenmetalle, feuchte Hölzer sowie Konstruktionshölzer, Span- und Faserplatten, Sperrhölzer oder Kunststoffe schneiden. Säbelsägen werden von den Feuerwehren im Rahmen von Hilfeleistungseinsätzen, zum Beispiel bei Verkehrsunfällen, zum Trennen von Bauteilen mit begrenzten Abmessungen und zum Schneiden von Blechen, Konstruktionsteilen oder Verbundglasscheiben an Kraftfahrzeugen verwendet.

Abbildung 20:
Säbelsäge (Foto: Bosch)

Die für den Einsatz der Feuerwehren vorgesehenen Säbelsägen haben eine Anschlussspannung von 230 Volt (oder auf Wunsch des Bestellers einen Akku-Antrieb, einschließlich Ersatz-Akku) und eine 5,00 Meter lange Anschlussleitung mit druckwasserdichtem Stecker. Sie müssen über mehrere Pendelhubstufen, und einen Sägehub von etwa 30 Millimeter verfügen. Zum Zubehör der Säbelsägen gehören die Ersatzsägeblätter für Holz/Kunststoff, Grünholz, Buntmetall und Bleche/Metalle/Profile, ein Aufbewahrungskoffer und eine dicht am Auge schließende Schutzbrille.

7.2 Bohrhämmer

Bohrhämmer sind elektrisch betriebene Handbohrmaschinen, zur Herstellung von Bohrungen. Bei mineralischen Werkstoffen wie Stein oder Beton kann die Herstellung von Bohrungen durch ein zuschaltbares Schlagwerk unterstützt werden, das den Bohrer in horizontaler und vertikaler Richtung mit schnellen Schlägen und gleichzeitigen Drehbewegungen in den Werkstoff bewegt. Bohrhämmer werden von den Feuerwehren im Rahmen von allgemeinen Hilfeleistungsmaßnahme verwendet.

Abbildung 21: Bohrhammer (Foto: Bosch)

Die für den Einsatz der Feuerwehren vorgesehenen Bohrhämmer haben eine Anschlussspannung von 230 Volt (oder auf Wunsch des Bestellers einen Akku-Antrieb, einschließlich Ersatz-Akku) und eine 5,00 Meter lange Anschlussleitung mit druckwasserdichtem Stecker.

Sie müssen über ein Bohrfutter mit SDS-Verriegelungsautomatik, ein zylindrisches Bohrfutter, eine vorwählbare Schlagzahl/Schlagstärke, Rechts-/Linkslauf, eine Bohrleistung in Stahl/Beton/Holz bis etwa Durchmesser 13/28/30 Millimeter und über einen Zusatzgriff mit verstellbarem Tiefenanschlag verfügen. Zum Zubehör der Bohrhämmer gehören ein Universalhalter mit SDS-Schaft, ein Schnellwechselfutter, Bohrer für Holz, Metall und Stein, ein Körner und ein handelsüblicher Aufbewahrungskoffer.

7.3 Bohr- und Abbruchhämmer

Bohr- und Abbruchhämmer (auch Stemmhämmer oder Meißelhämmer genannt) sind elektrisch betriebene Handmaschinen, die sowohl zum Bohren von Löchern in Stein oder Beton als auch zum Abtragen von mineralischen Werkstoffen verwendet werden können. Durch ein spezielles Schlagwerk können die eingesetzten Meißel eine wechselnde Vor- und Rückwärtsbewegung ausführen. Bohr- und Abbruchhämmer werden von den Feuerwehren im Rahmen von allgemeinen Hilfeleistungsmaßnahme verwendet.

Abbildung 22: Bohr- und Abbruchhammer (Foto: Bosch)

Die für den Einsatz für Feuerwehren vorgesehenen Bohr- und Abbruchhämmer haben eine Anschlussspannung von 230 Volt (oder auf Wunsch des Bestellers einen Akku-Antrieb, einschließlich Ersatz-Akku) und eine 5,00 Meter lange Anschlussleitung mit druckwasserdichtem Stecker. Sie müssen über eine SDS-Werkzeugaufnahme und eine Schlagleistung mit einer Schlagzahl von mindestens 1 300 pro Minute verfügen. Zum Zubehör gehören drei Spitzmeißel mit einer Nutzlänge von 230 Millimeter, ein Flachmeißel mit einer Nutzlänge von 230 Millimeter, zwei Hartmetall-Wendelbohrer mit einem Durchmesser von 35 Millimeter und Nutzlängen von 270 und 550 Millimeter sowie ein handelsüblicher Aufbewahrungskoffer.

7.4 Schrauber

Schrauber mit Akkuantrieb sind elektrisch betriebene Handmaschinen, die zum Ein- und Herausdrehen von Schrauben in Holz, Kunststoff und ähnlichen Materialen eingesetzt werden. Für die Anwendung bei den verschiedenen Schrauben-Mitnahmeprofilen (Schlitz, Kreuzschlitz, Innensechskant, Innensechsrund) können jeweils passende Schraubendrehereinsätze (Bits) in das Schnellspannfutter eingesetzt werden. Schrauber mit Akkuantrieb werden von den Feuerwehren im Rahmen von allgemeinen Hilfeleistungsmaßnahmen verwendet.

Abbildung 23: Akkuschrauber (Foto: Bosch)

Die für den Einsatz der Feuerwehren vorgesehenen Schrauber haben eine Nennkapazität von mindestens 1 700 Milliamperestunden und ein Schnellspannfutter. Sie müssen über eine stufenlose Drehzahlregelung und Rechts-/Linkslauf verfügen. Zum Zubehör gehören zwei Ersatz-Akkus, ein Schnell-Ladegerät, ein Universalhalter, ein 10teiliger Satz Schraubendrehereinsätze (Bits) und ein handelsüblicher Aufbewahrungskoffer.

8 Tragbare Stromerzeuger

Tragbare Stromerzeuger werden auf Einsatzfahrzeugen mitgeführt und im Rahmen der unterschiedlichsten Einsatzmaßnahmen für den netzunabhängigen Betrieb der elektrischen Geräte der Feuerwehr verwendet. Im Gegensatz zu den sonst üblichen Stromerzeugern werden an die Stromerzeuger der Feuerwehr besondere Anforderungen gestellt.

8.1 Tragbare Stromerzeuger der Feuerwehr

Tragbare Stromerzeuger der Feuerwehr gemäß DIN 14685 sind für den Anschluss von Geräten mit Nennspannungen von 230 und 400 Volt ausgelegt. Die Stromerzeuger der Feuerwehr werden in Bezug auf ihre Nennleistung in Geräte mit mindestens 5 Kilovoltampere, mit weniger als 5 Kilovoltampere und mit bis zu 2 Kilovoltampere unterteilt. In den Normen für die jeweiligen Einsatzfahrzeuge finden sich die Angaben zur geforderten Nennleistung der mitzuführenden tragbaren Stromerzeuger.

Stromerzeuger 5kVA

Stromerzeuger 13kVA

Abbildung 24: Genormte tragbare Stromerzeuger der Feuerwehr (Quellen: Gemeinschaft Feuerwehrfachhandel Deutschland – gfd – (links) und Metallwarenfabrik Gemmingen GmbH (rechts))

Als Antriebsmaschine für die Generatoren werden Verbrennungsmotoren verwendet, die auch im Dauerbetrieb bei voller Leistungsabnahme zuverlässig arbeiten. Gestartet werden die Motoren wahlweise durch Seilzugstarter und/oder Elektrostarter. Der Motor und der damit festverbundene Generator sind zusammen mit einem Kraftstofftank und einem Schaltkasten in einem Stahlrohrrahmen mit vier Tragegriffen montiert.

Der eingebaute Kraftstoffbehälter hat ein Volumen, das eine Betriebsdauer von mindestens 1,5 Stunden bei Nennleistung ermöglicht. Zur elektrotechnischen Ausrüstung (eines Stromerzeugers mit einer Nennleistung von mindestens 5 Kilovoltampere) gehören eine Belastungsanzeige, ein Betriebsstundenzähler, eine Instrumentenbeleuchtung, eine druckwasserdichte Steckdose für 400-Volt-Drehstrom, drei druckwasserdichte Steckdosen für 230-Volt-Wechselstrom sowie Schutzschalter mit magnetischer und thermischer Auslösung für jede Steckdose.

Die genormten Stromerzeuger der Feuerwehr verfügen zum Schutz vor Berührungsspannungen über eine Schutztrennung mit Potentialausgleich. Diese Schutztrennung besagt, dass keine Leitung aus dem Generator mit dem Gehäuse (Rahmengestell) elektrisch verbunden ist und dass der generatorinterne Stromkreis somit nach außen – vor allem gegen Erde – vollkommen getrennt ist. Ergänzt wird die Schutztrennung durch einen Potentialausgleich, bei dem alle elektrisch leitfähigen Teile des Stromerzeugers und der angeschlossenen Geräte durch einen Potentialausgleichsleiter (Schutzleiter) elektrisch leitend miteinander verbunden sind.

8.1.1 Funktion der Schutztrennung mit Potentialausgleich

Berührt eine Einsatzkraft ein unter Spannung stehendes defektes Gerät (**erster Fehler**), wird aufgrund der Schutztrennung der Stromkreis nicht geschlossen und es kann keine gefährliche Berührungsspannung auftreten. Der Betrieb des defekten Gerätes führt somit zu keiner Gefährdung der Einsatzkraft. Der Stromerzeuger kann mit dem angeschlossenen defekten Gerät weiter betrieben werden – eine Abschaltung durch Sicherungen erfolgt bei diesem Fehler nicht. Wenn ein weiteres angeschlossenes Gerät ebenfalls defekt ist, dazu noch in einem anderen Leiter (**zweiter Fehler**), schließt der Potentialausgleich den Stromkreis zwischen den beiden defekten Geräten und innerhalb einer Einwirkungsdauer von 0,2 Sekunden wird durch den auftretenden Kurzschluss die Sicherung im Stromerzeuger ausgelöst. Wenn zusätzlich der Schutzleiter zwischen zwei defekten Geräten unterbrochen wird und bei jedem Gerät ein anderer Leiter mit dem Gehäuse in Verbindung kommt (**dritter Fehler**), entsteht für die Einsatzkraft jedoch eine lebensgefährliche Situation, da beide Geräte gegeneinander eine Berührungsspannung von 230 beziehungsweise 400 Volt haben.

Voraussetzung für die sichere Funktion der Schutztrennung ist neben der einwandfreien Funktion der Schutzleiter des Stromerzeugers und der verwendeten Geräte auch eine Begrenzung der an einem Stromerzeuger angeschlossenen Leitungen auf eine Gesamtlänge von 100 Meter. Diese Begrenzung ist für ein schnelles und sicheres Abschalten der Schutzschalter am Stromerzeuger erforderlich.

8.1.2 Prüfung der Schutztrennung mit Potentialausgleich

Für den sicheren Betrieb der Stromerzeuger ist die einwandfreie Funktion des Schutzleiters von besonderer Bedeutung. Die Funktion des Schutzleiters ist deshalb zu prüfen. Dazu waren an den bisherigen Stromerzeugern der Feuerwehr entsprechende Schutzleiter-Prüfeinrichtungen eingebaut. Über ein mitgeliefertes Prüfkabel erfolgte dann nach jedem Gebrauch eine Überprüfung der Schutzleiter-Funktion. Die aktuellen Normen für die Stromerzeuger der Feuerwehr enthalten jedoch die Streichung der bisher normativ geforderten Schutzleiter-Prüfeinrichtung. Der DIN-Normenausschuss Feuerwehrwesen (FNFW) ist zu dem Schluss gekommen, dass diese Schutzleiter-Prüfeinrichtung nicht dazu geeignet ist, eine qualitative Prüfung vorzunehmen und somit nicht mehr dem Stand der Technik entspricht. Eine normgerechte Schutzleiterprüfung wird nunmehr bei den gemäß DGUV Grundsatz 305–002 „Prüfgrundsätze für Ausrüstung und Geräte der Feuerwehr" jährlich notwendigen regelmäßigen Sicht- und Funktionsprüfungen der Stromerzeuger vorgenommen.

Bei Stromerzeugern ohne Schutzleiterprüfvorrichtung ist innerhalb der Feuerwehr festzulegen, ob in Abhängigkeit von der Einsatzhäufigkeit und den Einsatzbedingungen die Frist dieser Sicht- und Funktionsprüfungen verkürzt werden muss, um mögliche Beschädigungen der Schutzleiter rechtzeitig erkennen zu können. Soll jedoch nach jeder Benutzung der Stromerzeuger weiterhin die Funktion der Schutzleiter überprüft werden, ist hierzu die Anschaffung eines geeigneten Durchgangsprüfers erforderlich. Die Durchführung dieser Prüfung wird durch eine Elektrofachkraft oder eine elektrotechnisch unterwiesene Person vorgenommen.

8.1.3 Anschluss elektrischer Leitungen

Voraussetzung für den sicheren Betrieb der elektrischen Betriebsmittel der Feuerwehr ist eine Begrenzung der maximal zu verlegenden Leitungslänge. Diese Begrenzung ist erforderlich, damit der durch Länge und Querschnitt der Leitung bestimmte elektrische Widerstand nicht zu groß wird und der jeweilige Schutzschalter des Stromerzeugers im Falle eines fehlerhaften Betriebsmittels innerhalb kürzester Zeit abschalten kann.

An einem Stromerzeuger der Feuerwehr dürfen elektrische Leitungen (mit einem Leitungsquerschnitt von 2,5 Quadratmillimeter) deshalb nur in bestimmten Anordnungen angeschlossen werden. Die Gesamtleitungslänge darf auch beim Anschluss mehrerer elektrischer Betriebsmittel 100 Meter nicht überschreiten. Somit dürfen maximal zwei genormte Leitungsroller mit jeweils 50 Meter Leitungslänge in beliebiger Reihenfolge an den Stromerzeuger angeschlossen werden. Die Länge der Anschlussleitungen der elektrischen Betriebsmittel kann hierbei vernachlässigt werden, wenn die Länge der einzelnen Anschlussleitung nicht mehr als 10 Meter beträgt.

Hinweis: Beim Anschluss von elektrischen Leitungen an einen Stromerzeuger sind die Vorgaben der Feuerwehr-Dienstvorschrift FwDV 1 „Grundtätigkeiten Lösch- und Hilfeleistungseinsatz“ zu beachten.

Tabelle 2: Zulässige Leitungslängen gemäß FwDV 1

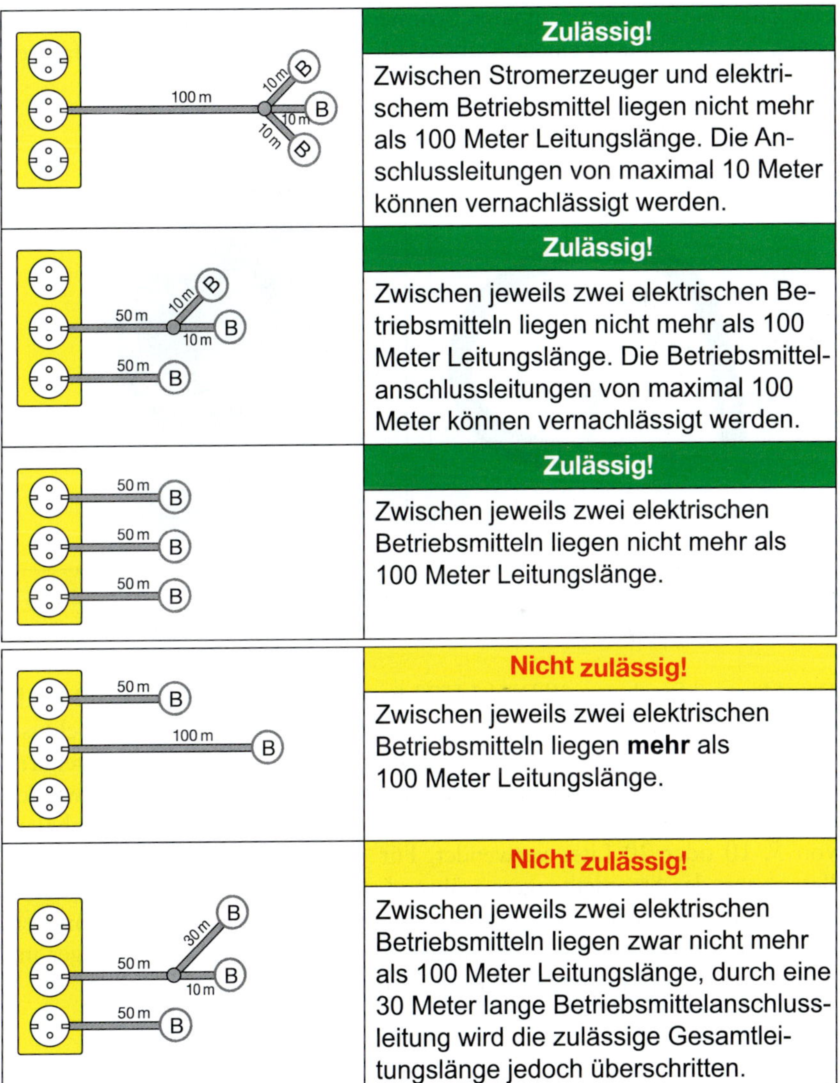

100 m; 10 m – B; 10 m – B; 10 m – B	**Zulässig!** Zwischen Stromerzeuger und elektrischem Betriebsmittel liegen nicht mehr als 100 Meter Leitungslänge. Die Anschlussleitungen von maximal 10 Meter können vernachlässigt werden.
50 m; 10 m – B; 10 m – B; 50 m – B	**Zulässig!** Zwischen jeweils zwei elektrischen Betriebsmitteln liegen nicht mehr als 100 Meter Leitungslänge. Die Betriebsmittelanschlussleitungen von maximal 100 Meter können vernachlässigt werden.
50 m – B; 50 m – B; 50 m – B	**Zulässig!** Zwischen jeweils zwei elektrischen Betriebsmitteln liegen nicht mehr als 100 Meter Leitungslänge.
50 m – B; 100 m – B	**Nicht zulässig!** Zwischen jeweils zwei elektrischen Betriebsmitteln liegen **mehr** als 100 Meter Leitungslänge.
50 m; 30 m – B; 10 m – B; 50 m – B	**Nicht zulässig!** Zwischen jeweils zwei elektrischen Betriebsmitteln liegen zwar nicht mehr als 100 Meter Leitungslänge, durch eine 30 Meter lange Betriebsmittelanschlussleitung wird die zulässige Gesamtleitungslänge jedoch überschritten.

8.2 Zubehör für tragbare Stromerzeuger

Das Zubehör für einen tragbaren Stromerzeuger der Feuerwehr besteht aus einem Abgasschlauch, einem Kanister für Kraftstoff und gegebenenfalls einem Kraftstoffentnahmegerät.

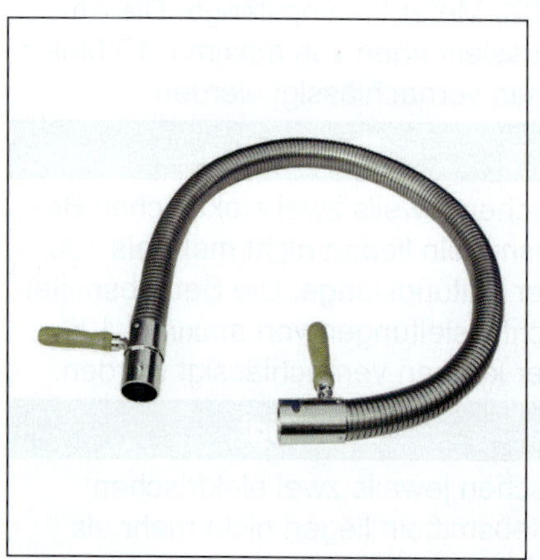

Abbildung 25: Abgasschlauch und Kanister mit Kraftstoffentnahmegerät (Quelle: Metallwarenfabrik Gemmingen GmbH)

Der Abgasschlauch gemäß DIN 14572 besteht aus einem biegsamen Metallschlauch mit einer gestreckten Länge von 1 500 Millimeter und Anschlusshülsen zum Befestigen am Auspuff des Stromerzeugers und eines weiteren Abgasschlauches. Als Kanister für den Kraftstoff des Stromerzeugers werden genormte zugelassene Behälter aus Kunststoff oder Stahl mit Nenninhalten von 5, 10 oder 20 Liter verwendet. Für eine gegebenenfalls erforderliche Betankung des Stromerzeugers während des Betriebes kann ein Kraftstoffentnahmegerät verwendet werden, das am Ausgussstutzen des Kanisters und (sofern vorhanden) am Dreiwegekraftstoffhahn am Stromerzeuger mit Schnelltrennkupplung angeschlossen wird.

8.3 Benutzung der tragbaren Stromerzeuger

Bei der Inbetriebnahme und der Benutzung von tragbaren Stromerzeugern sind die Bedienungs- und Sicherheitshinweise des Herstellers sowie die folgenden Hinweise genau zu beachten:

- Während des Betriebes muss der Stromerzeuger auf einem ebenen und rutschfesten Untergrund stehen, Schräglagen sind zu vermeiden.
- Elektrische Betriebsmittel dürfen erst dann am Stromerzeuger angeschlossen beziehungsweise angeschlossene elektrische Betriebsmittel erst dann eingeschaltet werden, wenn der Motor des Stromerzeugers die Nenndrehzahl erreicht hat.
- Um mögliche Motorschäden zu vermeiden, ist ein längerer unbelasteter Betrieb (Leerlauf) des Stromerzeugers zu vermeiden.
- Bei der Außerbetriebnahme des Stromerzeugers ist der Kurzschlussknopf bis zum Stillstand des Motors zu drücken.
- Während des Einsatzes darf kein Kraftstoff nachgefüllt werden, solange der Motor noch läuft oder noch heiß ist. Zur Betankung während des Betriebes ist ein Kraftstoffentnahmegerät zu verwenden.

Nach einem Einsatz sind eine Reinigung und Wartung entsprechend den Gebrauchsanleitungen des Herstellers des Stromerzeugers erforderlich. Dazu gehört auch das Nachfüllen von Kraftstoff.

Sicherheitshinweise:

- Beim Einsatz der Stromerzeuger geeigneten Gehörschutz tragen, wenn sich die Einsatzkraft/Bedienperson für längere Zeit in unmittelbarer Nähe des laufenden Stromerzeugers aufhalten muss.
- Stromerzeuger nicht im Bereich explosionsgefährdender Umgebungen einsetzen.
- Stromerzeuger nicht in geschlossenen unbelüfteten Räumen verwenden.
- Auch bei der Verwendung im Freien einen Abgasschlauch am Stromerzeuger anschließen und in geeigneter Weise verlegen.

8.4 Personenschutzeinrichtung für Einsatzkräfte

Für die Stromversorgung an Einsatzstellen sind grundsätzlich nur die Stromerzeuger der Feuerwehr zu benutzen. Sollen aufgrund einer besonderen Einsatzsituation ausnahmsweise elektrische Geräte, zum Beispiel Tauchpumpen, Wassersauger oder Flutlichtstrahler, an die ortsfeste Elektroinstallation eines Einsatzobjektes angeschlossen werden, muss eine Personenschutzeinrichtung gemäß DIN SPEC 14666 zwischen der Steckdose der Elektroinstallation und dem elektrischen Gerät der Feuerwehr eingesetzt werden.

Hinweis: Dies gilt **nicht** beim Anschluss von elektrischen Geräten an einen tragbaren oder fest eingebauten Stromerzeuger der Feuerwehr!

Personenschutzeinrichtungen werden im Bereich der Feuerwehr als ortsveränderliche Schutzeinrichtungen zur Verwendung in ortsfesten Elektroinstallationen eingesetzt.

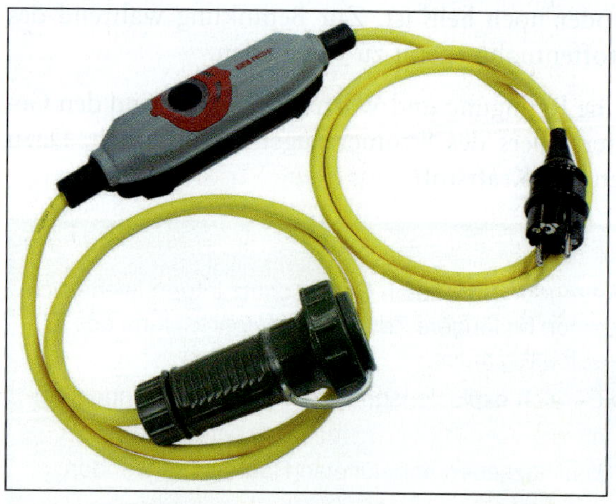

Abbildung 26: Personenschutzeinrichtung (Quelle: Dönges GmbH & Co. KG)

Eine Personenschutzeinrichtung besteht grundsätzlich aus einer Leitung mit einem eingebauten Schutzschalter und ist für einen Bemessungsdifferenzstrom bis 30 Milliampere ausgelegt. Der Schutzschalter kann in der Leitung oder dem Stecker – nicht jedoch in der Kupplung – eingebaut sein. Diese Personenschutzeinrichtung wird wie eine Verlängerungsleitung zwischen dem elektrischen Gerät der Feuerwehr und der Steckdose der ortsfesten Elektroinstallation, möglichst nah an der Steckdose, eingesetzt.

Durch die Verwendung einer Personenschutzeinrichtung führen auftretende Fehlerströme aufgrund defekter ortsveränderlicher elektrischer Geräte zur sofortigen Abschaltung durch die Personenschutzeinrichtung. Diese erkennt auch Fehler in der angeschlossenen ortsfesten Elektroinstallation des Einsatzobjektes und lässt sich im erkannten Fehlerfall nicht einschalten. Die Schutzleiterfunktionen werden vor dem Einschalten überprüft und während des Betriebes überwacht.

Der Schutzschalter der Personenschutzeinrichtungen ist dafür mit einer Prüftaste ausgestattet, die mit der Aufschrift „Test“ beschriftet ist. Vor jeder Benutzung der Personenschutzeinrichtung ist die Prüfung der sicheren Abschaltung durch Betätigung der Prüftaste durchzuführen. Weiterhin ist zu beachten, dass die Personenschutzeinrichtungen direkt in die Steckdose der ortsfesten Elektroinstallation eingesteckt werden müssen und keine andere elektrische Leitung (Leitungstrommel oder -roller) zwischen der Steckdose der Elektroinstallation und der Personenschutzeinrichtung eingesteckt werden darf. Darüber hinaus ist zu beachten, dass die Personenschutzeinrichtungen bei bestimmten Einsatzlagen nur in den Bereichen eingesetzt werden dürfen, die nicht mit Wasser überflutet werden können.

Hinweis: Sowohl für die genormten Personenschutzeinrichtungen als auch für die bisher von den Feuerwehren verwendeten Personenschutzleitungen gilt, dass vor deren Verwendung unbedingt die Bedienungsanleitungen des Herstellers zu lesen sind. Die dort aufgeführten Sicherheits- und Verwendungshinweise müssen beachtet werden. Die Feuerwehrangehörigen sind hinsichtlich der richtigen Verwendung der Personenschutzeinrichtungen und -leitungen regelmäßig zu unterweisen.

8.5 Selbstkontrolle und Testfragen

(Lösungen siehe Seite 112)

1. Für welche Verwendung sind die tragbaren Stromerzeuger der Feuerwehr vorgesehen?

a) Für den netzabhängigen Betrieb von elektrischen Geräten
b) Für den netzunabhängigen Betrieb von elektrischen Geräten
c) Für die Aufrechterhaltung der Stromversorgung an einer Einsatzstelle
d) Für die Notstromversorgung im Feuerwehrhaus

2. Welche Schutzmaßnahme ist in Stromerzeugern der Feuerwehr geschaltet?

a) Schutzschalter mit Kontrollleuchte
b) Schutztrennung mit Potentialausgleich
c) Schutzerdung mit Potentialausgleich
d) Schutzerdung mit Erdungsspieß

3. In welchen Einsatzsituationen sind Personenschutzeinrichtungen für Einsatzkräfte zu verwenden?

a) Beim Anschluss elektrischer Geräte an einen tragbaren oder fest eingebauten Stromerzeuger der Feuerwehr
b) Beim Anschluss elektrischer Geräte der Feuerwehr an die ortsfeste Elektroinstallation eines Einsatzobjektes
c) Bei jeder Verwendung elektrischer Geräte der Feuerwehr

4. Welche Vorgaben sind beim Anschluss elektrischer Leitungen an einen Stromerzeuger zu beachten?

a) Ein Leitungsquerschnitt von 2,5 Quadratmillimeter
b) Ein Leitungsquerschnitt von 2,5 Quadratzentimeter
c) Eine maximale Leitungslänge von 100 Meter
d) Eine maximale Leitungslänge von 130 Meter

9 Arbeitsgeräte mit mechanischer Betätigung

Arbeitsgeräte mit mechanischer Betätigung werden durch kraftumformende Einrichtungen, Hebel oder Ähnliches „angetrieben“. Zu diesen Arbeitsgeräten werden auch Anschlagmittel und Stützsysteme gezählt.

9.1 Mehrzweckzüge

Mehrzweckzüge sind handbetätigte Geräte mit einem durchlaufenden Zugseil, die im direkten Zug oder zusammen mit Umlenkrollen zum lage- und richtungsunabhängigen Heben, Ziehen, Spannen, Sichern und Ablassen von Lasten verwendet werden. Bei den Feuerwehren kommen Mehrzweckzüge mit einer Nennzugkraft von 16 oder 32 Kilonewton zum Einsatz.

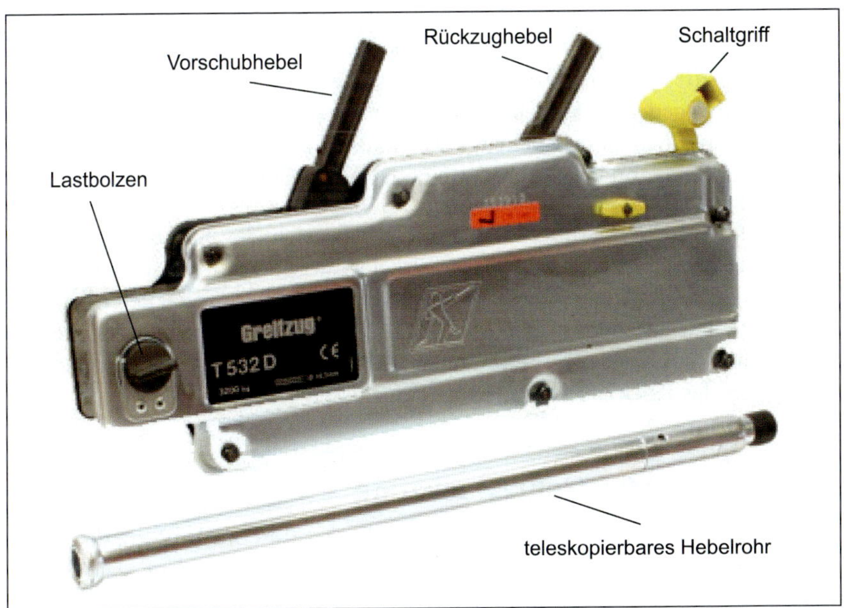

Abbildung 27: Zugvorrichtung, mit ausziehbarem Hebelrohr (Quelle: Dönges GmbH & Co. KG)

Mehrzweckzüge bestehen aus einer Zugvorrichtung sowie einem speziellen Zugseil. An der Zugvorrichtung befinden sich ein Vorschubhebel, ein Rückzughebel sowie ein Schaltgriff. Die Vorschub- und Rückzughebel werden bei der Verwendung der Zugvorrichtung mit dem aufsteckbaren Hebelrohr verlängert. Im Gehäuse der Zugvorrichtung befinden sich zwei Klemmbackenpaare, die das Zugseil durch Hebelbewegungen abwechselnd halten und ziehen. Das Zugseil ist somit zu jeder Zeit in mindestens ein Klemmbackenpaar eingespannt, so dass ein Abrutschen der angeschlagenen Last nicht möglich ist. Die Zugvorrichtung wird mit einer Rundschlinge oder einem ähnlichen Anschlagmittel an einem Festpunkt befestigt. Dazu befindet sich an der Zugvorrichtung ein drehbarer Lasthaken oder ein Lastbolzen. Die zu bewegende Last wird mit einer Rundschlinge oder einem ähnlichen Anschlagmittel am Seilhaken des Zugseils befestigt.

Durch Betätigen des Schaltgriffes öffnen sich die Klemmbacken und das Zugseil kann in die Zugvorrichtung eingeführt werden. Ist das Zugseil auf die richtige Länge eingeschoben, werden die Klemmbacken durch Betätigen des Schaltgriffes geschlossen und das Zugseil wird durch gleichmäßiges Hin- und Herbewegen des Vorschubhebels durch die Zugvorrichtung gezogen und gespannt. Mit dem Rückzughebel kann das Zugseil zurückgeschoben und wieder entspannt werden oder eine Last abgelassen werden.

Hinweis: Als Überlastungsschutz sind im Bereich der Kraftübertragung des Vorschubhebels Scherstifte mit festgelegten Materialfestigkeiten angebracht. Wird die Zugkraft größer als die Kraft der Klemmbacken oder die Tragfähigkeit des Zugseils, werden die Scherstifte abgeschert, ein weiteres Anspannen des Zugseils ist dann nicht mehr möglich. Die Last kann durch Betätigen des Rückzughebels jedoch abgelassen werden.

9.2 Zubehör für Mehrzweckzüge

Die Ausführung der Mehrzweckzüge und die Art und der Umfang der dazugehörenden Ausstattung sind in der DIN 14800–5 festgelegt. Die Mehrzweckzüge mit dem jeweiligen Zubehör werden in Feuerwehrkästen aus Leichtmetall untergebracht. Das Zugseil wird entweder in einem der Feuerwehrkästen oder auf einer Haspel gerollt im Fahrzeug untergebracht.

Abbildung 28: Mehrzweckzug MZ 32, mit Zubehör (Quelle: Dönges GmbH & Co. KG)

Tabelle 3: Mehrzweckzüge mit Zubehör gemäß DIN 14800–5

Ausführung		Benennung
MZ 16	**MZ 32**	
1 Stück	1 Stück	Zugvorrichtung
1 Stück	1 Stück	Hebelrohr
2 Stück	2 Stück	Ersatzscherstifte
1 Stück	---	Zugseil, Durchmesser 11 mm, Länge 30 m, mit Lasthaken
---	1 Stück	Zugseil, Durchmesser 16 mm, Länge 30 m, mit Lasthaken
2 Stück	---	Rundschlinge, Tragfähigkeit: 40 kN, Nutzlänge 2 m
1 Stück	---	Rundschlinge, Tragfähigkeit: 40 kN, Nutzlänge 4 m
---	2 Stück	Rundschlinge, Tragfähigkeit: 80 kN, Nutzlänge 2 m
---	1 Stück	Rundschlinge, Tragfähigkeit: 80 kN, Nutzlänge 4 m
3 Stück	---	Schäkel, Form A, Nenngröße 4

Tabelle 3: Mehrzweckzüge mit Zubehör gemäß DIN 14800–5 (Fortsetzung)

Ausführung		Benennung
MZ 16	MZ 32	
—	3 Stück	Schäkel, geschweifte Form, Tragfähigkeit: 95 kN
1 Stück	1 Stück	Kantenreiter
1 Stück	—	Umlenkrolle, klappbar, einrollig, für eine Zugkraft von 32 kN
—	1 Stück	Umlenkrolle, klappbar, einrollig, für eine Zugkraft von 64 kN
1 Stück	—	Erdanker, Größe 1 mit 8 Erdnägeln [1)]
—	1 Stück	Erdanker, Größe 2 mit 12 Erdnägeln
1 Stück	1 Stück	Brechstange, Nennlänge 1 500 mm [1)]
1 Stück	1 Stück	Kantholz, Ausführung und Maße nach Vereinbarung [1)]
[1)] Nur auf Wunsch des Bestellers. Art der Lagerung nach Vereinbarung		

Die **Zugseile** sind an einem Ende mit einem Seilhaken und am anderen Ende mit einer Seilspitze versehen, die zum Einführen des Seils in das Mundstück der Zugvorrichtung dient. Es ist unbedingt zu beachten, dass die Zugseile nicht als Anschlagseil oder für andere Zwecke verwenden werden. Als **Anschlagmittel** für den Einsatz der Mehrzweckzüge sind Rundschlingen gemäß DIN EN 1492–2 vorgesehen. Es können auch andere ausreichend belastbare Anschlagmittel (Drahtseile, Ketten, ...) verwendet werden. Die **Kantenreiter** werden zur Schonung des Zugseils beim Zug über Kanten verwendet. Sie bestehen aus stabilen Stahlkonstruktionen mit mindestens drei drehbaren Rollen und einem Handgriff. Die klappbare, einrollige **Umlenkrolle** wird verwendet, um den Mehrzweckzug als einfachen Flaschenzug zur Erhöhung der Zugkraft zu verwenden oder bei ungünstigen Bedingungen (keine achsgerechte Seilführung) um das Zugseil umzulenken. Die **Erdanker** werden mit Erdnägeln (Heringe) in ausreichend tragfähigen Böden befestigt und können so als Festpunkte für einen Mehrzweckzug verwendet werden. Sie bestehen aus zwei (Größe 1) oder drei (Größe 2) flachen Laschen aus Stahl, die mit einem Schäkel beweglich verbunden werden. Jede Lasche hat Bohrungen für die Erdnägel. Diese haben eine Länge von 800 Millimeter, ein gestauchtes Kopfende und eine gehärtete Spitze.

9.3 Benutzung der Mehrzweckzüge

Bei der Inbetriebnahme und der Benutzung von Mehrzweckzügen sind die Bedienungs- und Sicherheitshinweise des Herstellers sowie die folgenden Hinweise genau zu beachten:

- Für den Einsatz eines Mehrzweckzuges muss zunächst ein ausreichend stabiler Festpunkt (Fahrzeug, Baum, Erdanker ...) ausgewählt werden.
- Die Zugvorrichtung muss sich am Festpunkt frei bewegen und in Zugrichtung ausrichten können, damit die Zugbelastung immer achsengerecht erfolgen kann.
- Beim Abrollen des Zugseils von der Hand- beziehungsweise Trommelhaspel sind Verdrehungen und Schlaufenbildungen zu vermeiden.
- Beim Heben oder Ablassen von Lasten muss das Drehen der Lasten verhindert werden, um eine Beschädigung des Zugseils zu vermeiden.

Nach einem Einsatz sind eine gründliche Reinigung und eine Wartung entsprechend der Gebrauchsanleitung des Herstellers erforderlich. Das Zugseil ist auf der gesamten Länge auf Beschädigungen (Litzenbrüche, Quetschungen, Knicke, Korrosion ...) zu überprüfen.

Sicherheitshinweise:

- Zulässige Belastung des Mehrzweckzuges beachten.
- Zugseil nicht über Kanten führen oder knicken.
- Schaltgriff während des Betriebes nicht betätigen. Schaltgriff erst betätigen, wenn das Zugseil entlastet ist.
- Nach Wirksamwerden der Überlastsicherung (Scherstift) ist nur noch Entlasten möglich. Last sichern oder ablassen.
- Nur vom jeweiligen Hersteller zugelassene Scherstifte verwenden.
- Zu belastetem Zugseil einen Sicherheitsabstand vom 1,5-fachen der Seillänge einhalten.
- Nicht auf ein belastetes Zugseil treten.

9.4 Zug- und Anschlagmittel

Zug- und Anschlagmittel dienen zum Anschlagen (Befestigen) von Lasten. Die Auswahl und Benutzung der Zug- und Anschlagmittel sowie die Beachtung der zulässigen Belastungen sind von besonderer Bedeutung, da oft mit erheblichen Lasten gearbeitet wird. Darüber hinaus ist zu beachten, dass Zug- und Anschlagmittel mindestens einmal jährlich durch eine sachkundige Person zu prüfen sind. Diese Prüfung umfasst vor allem die Feststellung von äußeren Beschädigungen, Verformungen, Anrissen oder Abnutzungen.

9.4.1 Schäkel

Schäkel werden zum Verbinden von Zugseilen und Anschlagmitteln oder von Anschlagmitteln untereinander verwendet. Sie bestehen aus einem U-förmigen Bügel aus Stahl mit einem einschraubbaren Bolzen. Schäkel dürfen nur am Bügelbogen und Bolzen belastet werden, eine seitliche Belastung des Bügels ist unzulässig. Schäkel werden hinsichtlich der Form und der Nenngröße unterschieden. Von den Feuerwehren werden unter anderem gerade Schäkel gemäß DIN 82101, ähnlich Form C, Nenngröße 3, mit einer erhöhten Beanspruchung bis 100 Kilonewton verwendet.

gerade Form

geschweifte Form

Abbildung 29: Beispiele für Schäkel (Quelle: Gemeinschaft Feuerwehrfachhandel Deutschland – gfd –)

9.4.2 Drahtseile

Drahtseile bestehen aus dünnen Rundlitzen, die nach unterschiedlichen Verfahren zu einem Drahtseil zusammengedreht werden. Die bei den Feuerwehren gebräuchlichen Drahtseile gemäß DIN EN 12385–4 haben an den Enden Schlaufen oder Kauschen. In der Regel sind Anschlagseile mit Schlaufen und Zugseile mit Kauschen ausgestattet. Drahtseile sind empfindlich gegen Beschädigungen und müssen durch richtige Handhabung vor Knickstellen, Drahtbruch, Schlingenbildung oder Ähnlichem geschützt werden. Zum Schutz vor scharfen Kanten werden Drahtseile über Kantenreiter geführt. Zum Umlenken oder zur Vergrößerung der aufzubringenden Zugkräfte werden Drahtseile über entsprechende Rollen geführt.

mit Schlaufen

mit Kauschen

Abbildung 30: Beispiele für Drahtseile (Quelle: Gemeinschaft Feuerwehrfachhandel Deutschland – gfd –)

9.4.3 Textile Anschlagmittel

Textile Anschlagmittel in Form von Hebebändern und Rundschlingen lösen im Bereich der Feuerwehr mehr und mehr die sonst üblichen Drahtseile ab. Im Vergleich zu Drahtseilen haben sie eine hohe Tragfähigkeit, eine wesentlich leichtere Handhabbarkeit und lassen sich durch ihre gute Anschmiegbarkeit schonender an Lasten anschlagen. Sie sind jedoch wesentlich empfindlicher gegenüber mechanischen Belastungen.

Hebebänder gemäß DIN EN 1492–1 sind flachgewebte Gurtbänder, die mit oder ohne Verstärkungen zu einem Anschlagmittel mit festgelegter Tragkraft konfektioniert werden. An den Enden sind Schlaufen oder andere Anschlagmöglichkeiten, zum Beispiel Bügel, Haken oder Karabiner, angebracht.

Rundschlingen gemäß DIN EN 1492–2 bestehen aus parallel verlaufenden Kunstfaserbündeln, die mit einem gewebten Schutzschlauch ummantelt sind. Die größere Umfangslänge des Schutzschlauches hat zur Folge, dass auch bei einer besonders stark belasteten Rundschlinge das Schlauchmaterial nicht belastet wird. Die Garnstärke der tragenden Faserbündel ist darüber hinaus wesentlich größer als die des Schutzschlauches, sodass Beschädigungen immer zuerst am Schutzschlauch erkennbar sind. Von den Feuerwehren werden Rundschlingen mit unterschiedlichen Umfangslängen zwischen 3 und 10 Meter und unterschiedlichen Tragkräften zwischen 1 000 und 20 000 Kilogramm verwendet.

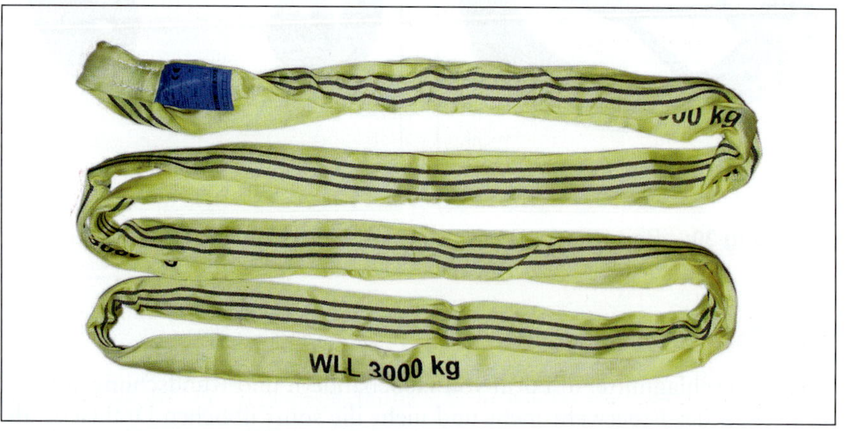

Abbildung 31: Beispiel für eine Rundschlinge (Quelle: Gemeinschaft Feuerwehrfachhandel Deutschland – gfd –)

9.4.4 Benutzung der Zug- und Anschlagmittel

Bei der Benutzung von Zug- und Anschlagmitteln sind die Bedienungs- und Sicherheitshinweise der Hersteller zu beachten. Beim Zug über scharfe Kanten sind die Zug- und Anschlagmittel durch geeignete Unterlagen vor Abrieb und Beschädigungen zu schützen. Nach jeder Benutzung sind sie einer Sichtprüfung auf äußere Schäden (Verformungen, Anrisse, Abnutzungen ...) zu unterziehen. Für bestimmte Anschlagmittel ist darüber hinaus jährlich eine genaue Sichtprüfung durch eine sachverständige Person erforderlich.

Sicherheitshinweise:

- Nur zugelassene und für den jeweiligen Einsatzzweck geeignete Zug- und Anschlagmittel verwenden.
- Zulässige Belastung der Zug- und Anschlagmittel beachten.
- Beim Umgang mit Drahtseilen Schutzhandschuhe tragen.
- Zu unter Last stehenden Drahtseilen mindestens das 1,5-fache der Seillänge als Sicherheitsabstand einhalten.
- Anschlagmittel nur mit Schäkeln verbinden, verlängern oder an Ösen von Fest- und Haltepunkten befestigen.
- Schäkel nicht als Umlenkeinrichtung und nicht zum Befestigen auf gestreckten Seilen verwenden.
- Beim Schließen des Schäkels den Bolzen vollständig in den Bügel einschrauben und dann eine halbe Umdrehung zurückdrehen.
- Schäkel nicht unter Spannung (unter Zug) öffnen.

9.5 Geräte zum Abstützen

Im Rahmen von Hilfeleistungseinsätzen müssen oftmals angehobene Lasten gesichert oder einsturzgefährdete Bauteile ausgesteift und abgestützt werden. Hierzu werden unterschiedliche Geräte und Ausrüstungen aus Kunststoff, Holz, Stahl oder Leichtmetall verwendet. Auch Hebekissensysteme, hydraulische Hebesätze und Winden oder hydraulische Rettungszylinder sind für derartige Einsatzmaßnahmen einsetzbar.

9.5.1 Abstützen von Hebevorgängen

Im Einsatzverlauf bewegte Lasten müssen während des Anhebens – und des späteren Absenkens – durch Unterbauen gegen Abrutschen und Ausweichen gesichert werden. Das Unterbauen ist mit jeweils geeignetem Unterbaumaterial durchzuführen. Hierzu gehören zum Beispiel

- Kanthölzer und Formhölzer aus Nadel- oder Brettschichtholz,
- Holzplatten und Holzkeile aus Buchensperrholz oder Nadelholz,
- Kunststoffplatten und -keile aus Polystyrol und/oder
- abgestufte Formteile oder Schiebeblöcke.

Das Unterbauen von verunfallten Kraftfahrzeugen dient dem Schutz vor dem Abrutschen von angehobenen Lasten, dem Schutz der betroffenen Personen vor weiteren Verletzungen, vor unkontrollierten Bewegungen oder Erschütterungen. Weiterhin wird durch das Unterbauen auf unebenen oder weichen Untergründen eine Unterlage für anzusetzende Werkzeuge oder hydraulische Rettungsgeräte geschaffen. In den Beladelisten der Rüstwagen und der Hilfeleistungs-Löschgruppenfahrzeuge ist hierfür ein Satz Formteile zum Unterbauen, aus Holz oder Kunststoff, zum Beispiel fest und treppenförmig oder als Schiebeblock mit verschiebbaren Brettern, vorgesehen, der ein abgestuftes Unterbauen eines Kraftfahrzeuges ermöglicht.

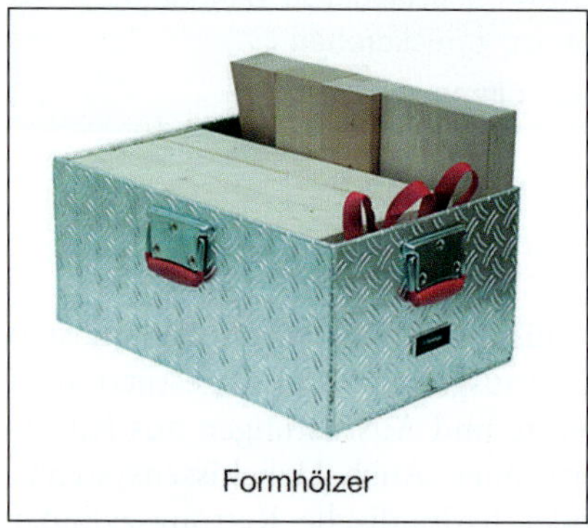

Formhölzer

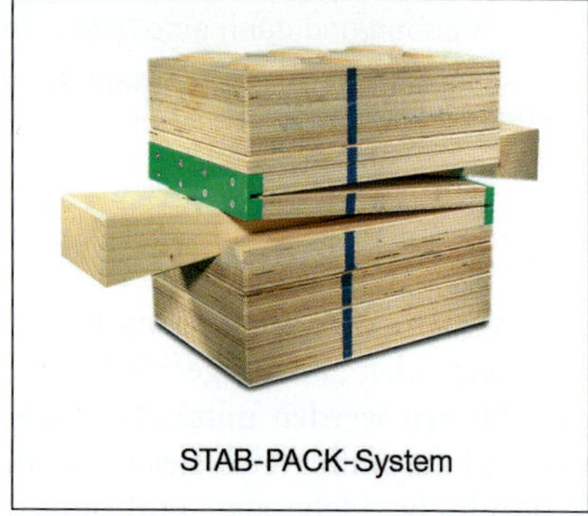

STAB-PACK-System

Abbildung 32: Beispiele für Unterbaumaterial (Quellen: Gemeinschaft Feuerwehrfachhandel – gfd – (links) und WEBER-HYDRAULIK GMBH (rechts))

Formhölzer werden zum Unterbauen und Sichern von angehobenen Lasten verwendet und ermöglichen durch ihre unterschiedlichen Ausführungen, Abmessungen und Materialien eine dem Einsatzgeschehen angepasste Anwendung. In den Beladelisten der Rüstwagen und Hilfeleistungs-Löschgruppenfahrzeuge sind hierfür Transportkästen mit einer bestimmten Anzahl von unterschiedlichen Keilen aus Hartholz, Buchensperrholzplatten und Kanthölzern aus Brettschichtholz vorgesehen. Nachfolgend wird die Zusammenstellung dieser als Standardbeladung mitgeführten Formhölzer beschrieben.

Tabelle 4: Formhölzer (Quelle Abbildungen: Gemeinschaft Feuerwehrfachhandel Deutschland – gfd –)

Anzahl	Benennung	Abbildung
6 Stück	Keil • etwa 75 mm × 95 mm × 350 mm • aus Hartholz • sägerau	
2 Stück	Keil • etwa 35 mm × 95 mm × 350 mm • aus Hartholz • sägerau	
2 Stück	Platte • etwa 50 mm × 200 mm × 350 mm • aus Buchensperrholz • wasserfest verleimt • Kanten mit einer 3 mm Fase	
4 Stück	Kantholz • etwa 120 mm × 88 mm × 500 mm • aus Brettschichtholz (Weichholz) • wasserfest verleimt • Kanten mit einer 3 mm Fase • mit Trageschlaufe aus Polyester	

Hinsichtlich der Materialauswahl des Unterbaumaterials ist zu beachten, dass sich weiche Hölzer für die Anwendung auf harten festen Untergründen und direkt am zu hebenden Objekt eignen, da sich diese in der Oberfläche der Hölzer „festbeißen“ und so einem Verrutschen entgegenwirken. Der Nachteil der weichen Hölzer ist die vergleichsweise geringe Druckfestigkeit. Harte Hölzer oder schichtverleimte Sperrhölzer haben eine vergleichsweise hohe Druckfestigkeit und sind somit zur Aufnahme größerer Lasten geeignet. Ein mögliches Verrutschen der Hölzer aufgrund der harten Oberfläche ist bei der Anwendung zu berücksichtigen.

Kunststoffformteile werden in verschiedenen Formvarianten angeboten. Sie haben ein vergleichbar geringes Gewicht und sind in der Regel zur Aufnahme größerer Lasten geeignet. Sofern ihre Oberflächen nicht entsprechend profiliert und gestaltet sind, ist bei der Anwendung ein mögliches Verrutschen der Kunststoffformteile zu berücksichtigen.

9.5.2 Abstützen bei sonstigen Gefahren

Zum Abstützen von einsturzgefährdeten Gebäudeteilen oder zum Aussteifen von Gräben können innerhalb bestimmter Maße stufenlos verstellbare Stützen oder Streben aus Stahlrohr eingesetzt werden, die Bestandteil der Beladung von Rüstwagen sind. Stehen diese nicht zur Verfügung, können auch Rundholzstützen oder Kanthölzer aus Nadelschnittholz mit geeigneten Querschnitten verwendet werden, die auf entsprechende Länge zu schneiden sind. Zur sicheren Verwendung der Stützen, Streben, Rund- oder Kanthölzer sind zusätzlich kurze Kanthölzer, Bretter oder Bohlen zur Lastverteilung und Nägel, Hartholzkeile, kurze Bretter oder Bauklammern zum Sichern gegen Verdrehen, Verrutschen oder Umfallen notwendig.

Hinweis: Die erforderliche Anzahl der einzusetzenden Stützen ist von deren Tragfähigkeit, der zu stützenden Last sowie der abzustützenden Höhe beziehungsweise Breite abhängig. Die zulässigen Belastungen der Stützen dürfen nicht überschritten werden.

■ Kanalstreben

Kanalstreben werden im Tiefbau zum Verstreben und Abstützen im Bereich geböschter und verbauter Baugruben und Gräben, die von Hand oder maschinell ausgehoben wurden, verwendet. Sie müssen durch die Berufsgenossenschaft der Bauwirtschaft (BG BAU) zugelassen sein.

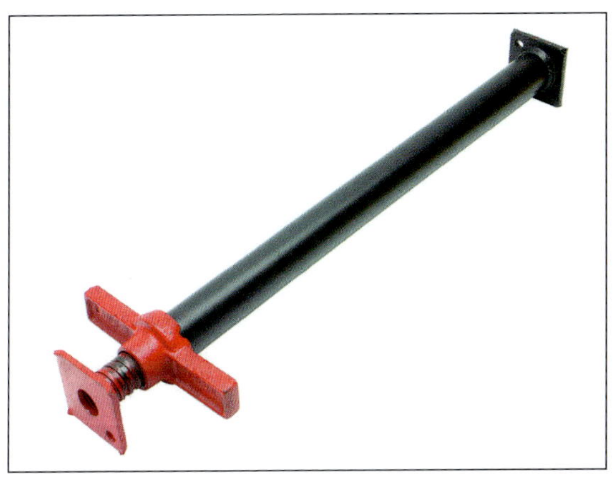

Abbildung 33: Kanalstrebe (Quelle: Gemeinschaft Feuerwehrfachhandel Deutschland – gfd –)

Sie bestehen aus einer Stahlrohrspindel mit einem gegen Verschmutzung und Beschädigung unempfindlichen Gewinde, einem Gewinderohr und Krallenplatten mit Nagelloch an den jeweiligen Enden. Die von den Feuerwehren verwendeten Ausführungen können mit mindestens 22 Kilonewton über die gesamte Länge belastet werden, haben eine Nutzlänge zwischen 0,60 und 1,40 Meter und einen dauerhaften Korrosionsschutz.

■ Windenstützen

Windenstützen bestehen aus ineinander verschiebbaren verzinkten Vierkantrohren mit Befestigungsplatten an den jeweiligen Enden sowie einem Spann- und Sicherungsmechanismus. Das Innenrohr kann durch Lösen der selbstarretierenden Spannvorrichtung stufenlos aus- und eingeschoben werden. Die von den Feuerwehren verwendeten Ausführungen können bis zu 55 Kilonewton belastet werden und haben in verschiedenen Ausführungen eine Länge zwischen 0,60 und 3,10 Meter.

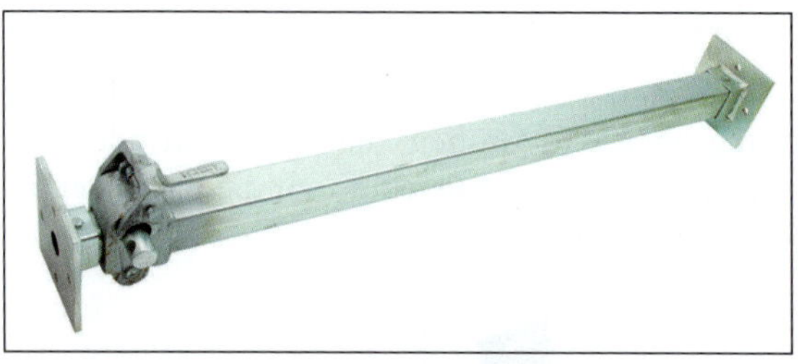

Abbildung 34: Windenstütze (Quelle: Gemeinschaft Feuerwehrfachhandel Deutschland – gfd –)

■ Fahrzeug-Stabilisierungssystem

Um im Zuge von Rettungsmaßnahmen verunfallte Fahrzeuge, die auf der Seite liegen, zu sichern, werden Fahrzeug-Stabilisierungssysteme verwendet. Diese bestehen aus mindestens zwei ausziehbaren Teleskopstützen, an denen jeweils eine bewegliche Kopf- und Fußplatte sowie ein Spanngurt mit Ratschenmechanismus und Haken angebracht sind. Bei der Anwendung wird der Haken des Spanngurtes an einem festen Punkt im unteren Fahrzeugbereich befestigt, die Kopfplatte stützt sich am Fahrzeug und die Fußplatten am Boden ab. Durch Anspannen des Spanngurtes wird so ein Lastdreieck gebildet, mit dem das verunfallte Fahrzeug stabilisiert wird. Die Teleskopstützen haben eine Nutzlänge von etwa 1 000 Millimeter bis 2 000 Millimeter und eine Mindeststützkraft von 1 000 Kilogramm.

Abbildung 35: Stabilisieren eines verunfallten Personenkraftwagens (Quelle: Marc Köppelmann, Paderborn)

9.6 Selbstkontrolle und Testfragen

(Lösungen siehe Seite 112)

1. Welche Ausrüstungsteile gehören zu einem Mehrzweckzug?

a) Zugfahrzeug
b) Hebelrohr
c) Ersatzscherstifte
d) Ersatzzüge
e) Umlenkrolle
f) Erdankerziehgerät

2. Welche Sicherheitshinweise sind beim Einsatz eines Mehrzweckzuges zu beachten?

a) Die zulässige Belastung des Mehrzweckzuges nicht überschreiten.
b) Zugseil des Mehrzweckzuges nicht als Anschlagseil verwenden.
c) Zum belasteten Zugseil einen Sicherheitsabstand vom 2,5-fachen der Seillänge einhalten.
d) Zum entlasteten Zugseil einen Sicherheitsabstand einhalten.

3. Woraus werden Rundschlingen hergestellt?

a) Aus pflanzlichen Fasern
b) Aus gewebten Stoffgarnen
c) Aus parallel verlaufenden Kunstfaserbündeln
d) Aus dünnen, biegsamen Rundlitzen

4. Welche Geräte können zum Abstützen von Lasten bei Einsturzgefahren verwendet werden?

a) Stufenlos verstellbare Windenstützen
b) Rundholzstützen oder Kanthölzer
c) Stufenlos verstellbare Kanalstreben
d) In Stufen verstellbare Hebekissen

10 Arbeitsgeräte mit hydraulischem Antrieb

Bei Arbeitsgeräten mit hydraulischem Antrieb werden Flüssigkeiten (Hydrauliköle) zur Kraftübertragung verwendet. Die dabei benötigten Drücke werden durch hand- oder motorbetriebene Pumpen erzeugt.

10.1 Hydraulische Winden

Hydraulische Winden – auch „Büffelwinden" genannt – können zum Anheben, Absenken oder Auseinanderdrücken von Lasten eingesetzt werden. Mit ihnen können zum Beispiel unter Lasten eingeklemmte Personen befreit oder auch Lasten abgestützt werden. Hydraulische Winden sind für Hubkräfte bis 50 Kilonewton oder bis 100 Kilonewton ausgelegt und können weitgehend lageunabhängig horizontal oder vertikal eingesetzt werden.

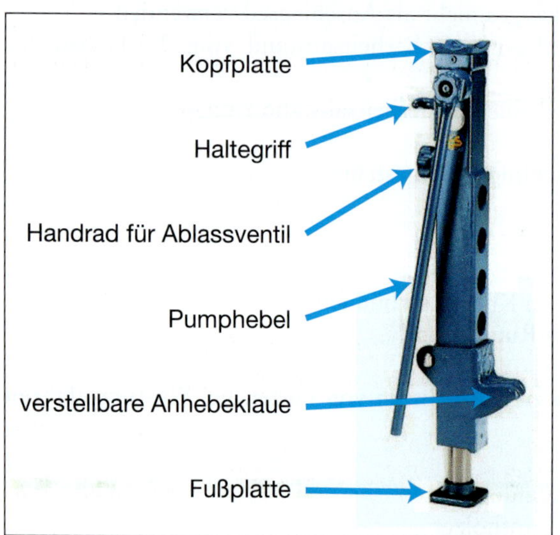

Abbildung 36: Hydraulische Winde (Quelle: Gemeinschaft Feuerwehrfachhandel Deutschland – gfd –)

Mit den hydraulischen Winden können Lasten sowohl mit der Kopfplatte als auch mit der vierfach (B 5) beziehungsweise sechsfach (B 10) höhenverstellbaren Anhebeklaue bewegt werden. Durch Pumpbewegungen mit dem um 360 Grad verstellbaren Pumphebel wird Hydrauliköl in den innenliegenden Hubzylinder gepumpt, sodass dieser die Last anhebt. Eingebaute Druckbegrenzungsventile verhindern eine Überlastung der Winde während des Hubvorganges. Das Absenken der Last erfolgt durch Öffnen des Ablassventils mit dem Handrad. Die Füße der hydraulischen Winden können mit einer flachquadratischen oder balligrunden Fußplatte mit entsprechender Fußlagerplatte (Zubehör) für eine Neigung bis 15 Grad eingesetzt werden.

Tabelle 5: Technische Daten der hydraulischen Winden

Typ	Hubkraft	Bauhöhe	Hubhöhe
B 5	50 kN	650 mm	280 mm
B 10	100 kN	800 mm	350 mm

Bei der Inbetriebnahme und der Benutzung von hydraulischen Winden sind die Bedienungs- und Sicherheitshinweise des Herstellers sowie die folgenden Sicherheitshinweise genau zu beachten

Sicherheitshinweise:

- Beim Einsatz von hydraulischen Winden einen Gesichtsschutz verwenden.
- Last während des Hebens durch Unterbauen und gegen Wegrutschen sichern.
- Auf festen und rutschsicheren Stand der Fußplatte achten.
- Last auf Kopfplatte oder Anhebeklaue rutschsicher unterlegen.
- Winde nicht zwischen Auflagefläche und Last verkanten. Seitliche Belastungen verhindern.
- Beim Heben von Lasten Gefahr des Abrutschens von Metall auf Metall durch gleithemmende Zwischenlagen (zum Beispiel Holz) verhindern.

10.2 Hebesätze

Hebesätze mit einfach wirkenden Hydraulikzylindern können zum Anheben, Drücken, Abstützen oder Schieben schwerer Lasten verwendet werden. Sie ermöglichen den gleichzeitigen Betrieb von zwei Hydraulikzylindern mit mindestens 120 Kilonewton Hubkraft und werden dann eingesetzt, wenn andere Geräte aufgrund der begrenzten Hubkraft nicht mehr verwendet werden können.

Für die Druckerzeugung in den Hydraulikzylindern werden von Hand betätigte Kolbenpumpen eingesetzt. Der aufgebrachte Druck wird über Schlauchleitungen mit einem zwischengeschalteten Verteilerventil auf einen oder zwei Hydraulikzylinder verteilt. Der Hubvorgang der Zylinder wird über die Regulierventile des Verteilerventils in Verbindung mit der Pumpbewegung der Kolbenpumpe gesteuert. Durch die am Gehäuse und an der Kolbenstange der Hydraulikzylinder anschraubbaren Zubehörteile, zum Beispiel Hubverlängerungen, Fußplatten, Keilstücke oder Anhebeklauen, ergeben sich unterschiedliche Einsatzmöglichkeiten der Hebesätze.

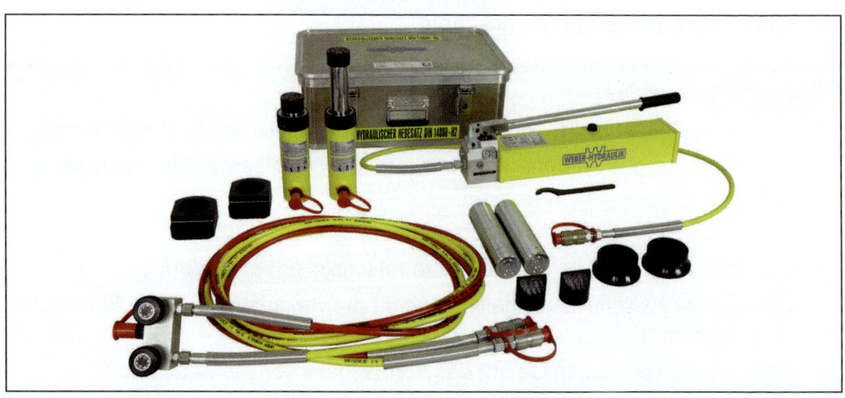

Abbildung 37: Hebesatz H2 (Quelle: WEBER-HYDRAULIK GMBH)

Hinweis: Aufgrund der verschiedenen Kombinationsmöglichkeiten sind bei der Verwendung der Hebesätze die gerätebedingten Einschränkungen gemäß der Bedienungsanleitung des Herstellers unbedingt zu beachten.

Für den Einsatz der Feuerwehren werden hydraulische Hebesätze gemäß DIN 14800–6 in den Ausführungen H1 (groß) und H2 (klein) verwendet. Der Inhalt der Hebesätze wird jeweils in genormten Kästen aus Leichtmetall (ein Kasten oder zwei Kästen) untergebracht. Auf dem Rüstwagen RW wird ein „kleiner" Hebesatz H2 als Standardbeladung mitgeführt.

Tabelle 6: Bestandteile der hydraulischen Hebesätze gemäß DIN 14800–6

Typ		Benennung
H1	**H2**	
2 Stück	1 Stück	handbetätigte Hydraulikpumpe, mit Schlauchleitung
2 Stück	2 Stück	Hydraulikzylinder, Hub 150 mm, Bauhöhe 270 mm
2 Stück	--	Hydraulikzylinder, Hub 50 mm, Bauhöhe 160 mm
4 Stück	2 Stück	Teleskopzylinder, Hub 120 mm, Bauhöhe 160 mm [1)]
1 Stück	1 Stück	Zweiwege-Verteilerventil, mit Regulierventil(en)
2 Stück	2 Stück	Schlauchleitung, Länge mindestens 5 m
2 Stück	2 Stück	Hubverlängerungen, Länge etwa 200 mm
4 Stück	2 Stück	Fußplatte für Hydraulikzylinder, Auflagefläche etwa 80 cm^2
2 Stück	2 Stück	Keilstück für Hydraulikzylinder
2 Stück	2 Stück	Anhebeklaue für Hydraulikzylinder
1 Stück	1 Stück	Hakenschlüssel
1 Stück	1 Stück	Betriebsanleitung, wetterfest
[1)] alternativ zu den vorstehend aufgeführten Hydraulikzylindern		

Bei der Inbetriebnahme und der Benutzung der hydraulischen Hebesätze sind die Bedienungs- und Sicherheitshinweise des Herstellers sowie die folgenden Sicherheitshinweise genau zu beachten:

Sicherheitshinweise:

- Beim Einsatz von hydraulischen Hebesätzen einen Gesichtsschutz verwenden.
- Last während des Hebens durch Unterbauen und gegen Wegrutschen sichern.
- Auf festen und rutschsicheren Stand der Hydraulikzylinder achten.
- Last auf dem Kopf der Hydraulikzylinder oder der Anhebeklaue rutschsicher unterlegen.
- Hydraulikzylinder nicht zwischen Auflagefläche und Last verkanten. Seitliche Belastungen verhindern.
- Beim Heben von Lasten Gefahr des Abrutschens von Metall auf Metall durch gleithemmende Zwischenlagen (zum Beispiel Holz) verhindern.
- Steckkupplungen der Hydraulikschläuche vor Verschmutzungen schützen.

10.3 Hydraulische Rettungsgeräte

Neben anderen Hilfeleistungsgeräten werden bei Verkehrs-, Arbeits- und ähnlichen Unfällen vor allem hydraulische Rettungsgeräte für das Durchtrennen, Spreizen, Ziehen, Heben oder Auseinanderdrücken von Fahrzeug- oder Bauteilen eingesetzt, um zum Beispiel eingeschlossene oder eingeklemmte Personen zu befreien oder einen Zugang für den Rettungsdienst zu schaffen. Hydraulische Rettungsgeräte erlauben dabei einen geräuscharmen, stufenlosen und bei richtiger Anwendung auch feinfühligen Einsatz. Hydraulische Rettungsgeräte gemäß DIN EN 13204, das heißt, Spreizer, Schneidgeräte und Rettungszylinder, gehören zur feuerwehrtechnischen Standardbeladung der Rüstwagen und Hilfeleistungs-Löschgruppenfahrzeuge.

10.3.1 Spreizer

Spreizer sind hydraulische Rettungsgeräte die zum Retten eingeschlossener oder eingeklemmter Personen aus verunfallten Fahrzeugen verwendet werden, zum Beispiel für das Öffnen von Fahrzeugtüren, und zum Auseinanderdrücken, Anheben oder Wegziehen von Fahrzeugteilen. Sie bestehen aus einem Gehäuse aus Stahl oder hochfestem Aluminium mit Kopfstück, Haltegriff und Führungsbolzen, zwei Spreizerarmen aus Stahl oder hochfestem Aluminium mit auswechselbaren geriffelten Spitzen, einem Hydraulikzylinder mit Steuerventil und kurzen Anschlussschläuchen mit Schnellkupplung zur Verbindung mit den Hydraulikschläuchen des Pumpenaggregates.

Die in Führungsbolzen gelagerten Spreizerarme werden über Zahnsegmente und der zu einer Zahnstange erweiterten Kolbenstange des Hydraulikzylinders oder über ein Hebelsystem aus- und eingeschwenkt. Der im Gehäuse befindliche Hydraulikzylinder ist als doppeltwirkender Zylinder zum Öffnen und Schließen der Spreizerarme ausgebildet. Das Steuerventil mit der Umlaufstellung (Ruhestellung) und der Durchflussstellung (Arbeitsstellung) ermöglicht das Auf- und Zufahren der Spreizerarme. Beim Loslassen des Bedienhebels des Steuerventils geht dieses in Ruhestellung, das Hydrauliköl läuft um und die Spreizerarme bleiben in der jeweiligen Stellung stehen. Die Schaltungsart wird als „Totmannschaltung“ bezeichnet.

In den Hydraulikkreislauf sind Rückschlagventile eingebaut. Sie ermöglichen es, dass die Bewegungen des Spreizers nach Loslassen des Bedienhebels sofort stoppen und der Spreizer sowohl in Spreiz- als auch in Schließrichtung den von außen an den Armen wirkenden Kräften standhält.

Abbildung 38: Spreizer (Quelle: WEBER-HYDRAULIK GMBH)

Tabelle 7: Typen der genormten Spreizer gemäß DIN EN 13204

Typ	Spreizkraft mindestens	Spreizweite mindestens	Zugkraft [1)] mindestens	Zugweite [1)] mindestens
AS	20 kN	600 mm	12 kN	360 mm
BS	50 kN	800 mm	30 kN	480 mm
CS	80 kN	500 mm	48 kN	300 mm
[1)] jeweils mindestens 60 Prozent der Nenn-Spreizkraft beziehungsweise Nenn-spreizweite				

Spreizer müssen durch den Hersteller klassifiziert und gekennzeichnet werden. Nachfolgend ein Beispiel für einen Spreizer mit einer Mindestspreizkraft von 53 Kilonewton, einer Mindestspreizweite von 800 Millimeter und einer Masse von 20 Kilogramm.

BS 53/800–20

Spreizer können durch Verwendung spezieller Zugketten, die mit Verbindungselementen an den Spreizerspitzen der geöffneten Spreizerarme befestigt werden, auch zum Ziehen von Lasten eingesetzt werden. Eine Zugkette wird hierbei an einem Festpunkt, die andere Zugkette an der Last befestigt und die beiden Zugketten durch Einhaken der Kettenglieder an den Verbindungselementen auf die notwendige Kettenlänge gekürzt. Der Zug erfolgt dann durch Schließen der Spreizerarme.

10.3.2 Schneidgerät

Schneidgeräte sind hydraulische Rettungsgeräte zum Retten eingeschlossener oder eingeklemmter Personen aus verunglückten Fahrzeugen, zum Beispiel für das Durchtrennen von Türpfosten und Dachholmen oder das Abtrennen von hindernden Karosserieteilen. Im Rahmen sonstiger Hilfeleistungseinsätze können Rohre und vergleichbare Profile durchtrennt werden. Dabei ist zu beachten, dass mit den Schneidgeräten keine gehärteten Bauteile, zum Beispiel Lenksäulen, Achsen, Stabilisatoren oder vergleichbare Bauteile, geschnitten werden dürfen.

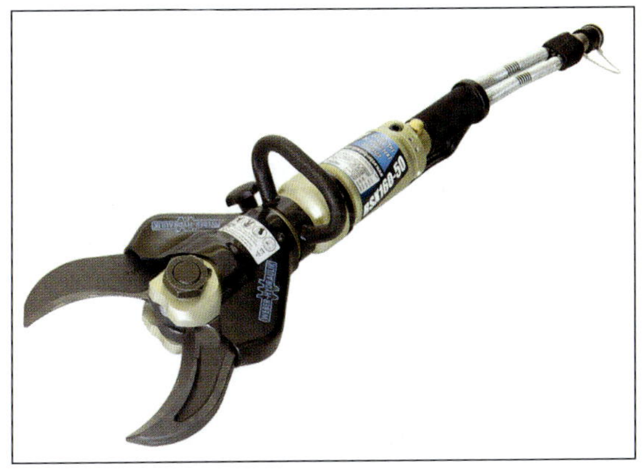

Abbildung 39: Schneidgerät (Quelle: WEBER-HYDRAULIK GMBH)

Schneidgeräte bestehen aus einem Gehäuse aus Stahl oder hochfestem Aluminium mit Kopfstück, einem Haltegriff, zwei sichelförmigen Schneidmessern aus Stahl, einem doppeltwirkenden Hydraulikzylinder mit Steuerventil und aus kurzen Anschlussschläuchen mit Schnellkupplung zur Verbindung mit den Hydraulikschläuchen des Pumpenaggregates. Die in einem Führungsbolzen gelagerten Schneidmesser werden über die Kolbenstange des Hydraulikzylinders und ein Hebelsystem aus- und eingeschwenkt. Die Steuerung des Hydraulikzylinders, und somit das Öffnen und Schließen, erfolgt nach dem gleichen Wirkungsprinzip wie bei einem Spreizer.

Tabelle 8: Typen der genormten Schneidgeräte gemäß DIN EN 13204

Typ	Schneidgeräteöffnung mindestens	Schneidfähigkeit	Maultiefe [1)] mindestens
AC	**< 150 mm**	**A – K**	< 113 mm
BC	150 bis 199 mm	A – K	113 bis 149 mm
CC	≤ 200 mm	A – K	≤ 150 mm
[1)] jeweils mindestens 75 Prozent der Nenn-Schneidgeräteöffnung			

Für die Bestimmung der Leistungsfähigkeit müssen Schneidgeräte eine festgelegte Anzahl von Stahlprofilen mit bestimmten Abmessungen schneiden können. Das Ergebnis wird durch einen Buchstaben (A bis K) angegeben.

Schneidgeräte müssen durch den Hersteller klassifiziert und gekennzeichnet werden. Nachfolgend ein Beispiel für ein Schneidgerät mit einer Schneidgeräteöffnung von 180 Millimeter, einer Maultiefe von etwa 120 Millimeter, einer Schneidfähigkeit der Kategorie H und einer Masse von 15 Kilogramm.

BC 180 H-15

10.3.3 Kombinationsgerät

Kombinationsrettungsgeräte – auch Kombigeräte genannt – sind hydraulische Rettungsgeräte zum Spreizen, Ziehen, Heben, Quetschen und Schneiden. Mit ihnen können diese Einsatzmaßnahmen abwechselnd ausgeführt werden, ohne das Gerät zu wechseln. Kombinationsrettungsgeräte werden vor allem dann verwendet, wenn der schnellen kombinierten Anwendung und dem Raum- und Gewichtsbedarf bei der Unterbringung in einem Feuerwehrfahrzeug Vorrang gegenüber der Leistungsfähigkeit des Rettungsgerätes eingeräumt werden.

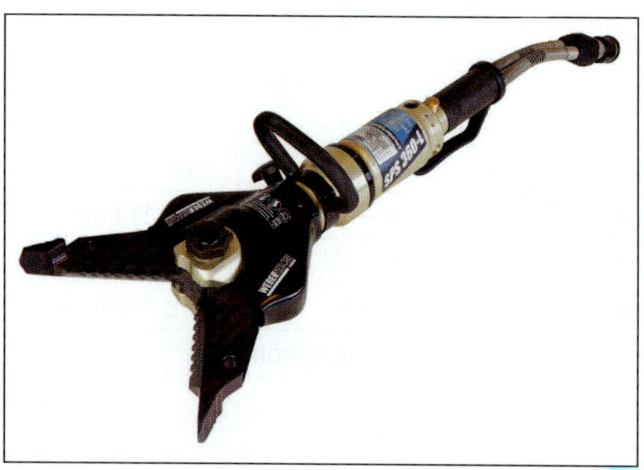

Abbildung 40: Kombinationsrettungsgerät (Quelle: WEBER-HYDRAULIK GMBH)

Bei einem Kombinationsrettungsgerät handelt es sich um einen Spreizer, bei dem die geraden Spreizerarme innenseitig mit gewellten Schneidkanten ausgestattet sind. Der Schneidvorgang erfolgt durch Schließen der Spreizerarme. Kombinationsrettungsgeräte können durch Verwendung spezieller Zugketten, die mit Verbindungselementen an den Spitzen der geöffneten Spreizerarme befestigt werden, zum Ziehen von Lasten eingesetzt werden. Bedingt durch die kompakten Abmessungen und das vergleichsweise geringe Gewicht lassen sich Kombinationsrettungsgeräte leicht handhaben, haben aber im Vergleich zu den sonst üblichen Spreizern und Schneidgeräten eine geringere Leistungsfähigkeit. Sie eignen sich vor allem für die Durchführung von Erstmaßnahmen bei Kraftfahrzeugunfällen.

10.3.4 Kompakt-Schneidgerät

Kompakt-Schneidgeräte – auch Mini-Schneidgeräte oder Pedalschneider genannt – sind hydraulische Schneidgeräte in besonders kleiner und leichter Ausführung. Sie sind speziell für das Durchtrennen von schwerzugänglichen Bauteilen und für Einsatzmaßnahmen unter beengten Platzverhältnissen geeignet, zum Beispiel für das Abtrennen von Sitzlehnen oder das Abtrennen von Pedalen im Fußraum eines verunfallten Kraftfahrzeuges. Der Aufbau der Kompakt-Schneidgeräte ähnelt dem Aufbau der üblicherweise verwendeten Schneidgeräte, in der Regel haben sie jedoch ein feststehendes und ein bewegliches Schneidmesser.

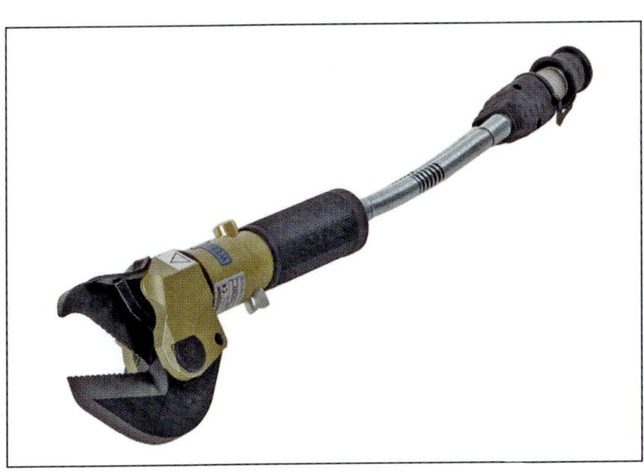

Abbildung 41: Kompakt-Schneidgerät (Quelle: WEBER-HYDRAULIK GMBH)

10.3.5 Rettungszylinder

Rettungszylinder sind hydraulische Rettungsgeräte zum Drücken oder Heben von Lasten. Sie werden vor allem zum Auseinanderdrücken von Fahrzeug- und Bauteilen eingesetzt, wenn zum Beispiel der Spreizweg eines Spreizers ausgeschöpft ist. Rettungszylinder können auch zum Abstützen von Lasten oder zum Aussteifen in einsturzgefährdeten Bereichen verwendet werden.

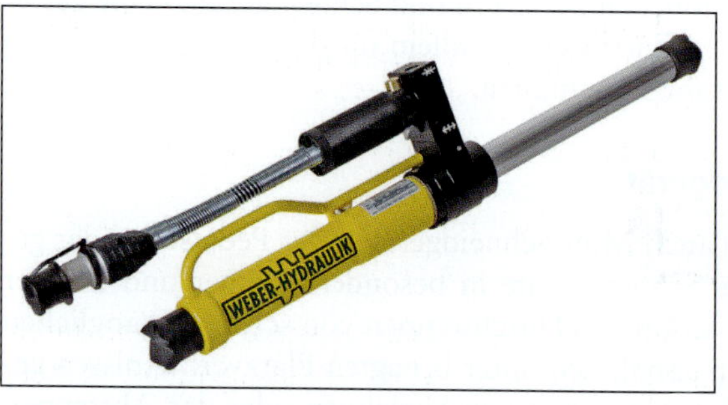

Abbildung 42: Rettungszylinder (Quelle: WEBER-HYDRAULIK GMBH)

Sie bestehen aus einem Gehäuse aus Stahl oder hochfestem Aluminium, einem Hydraulikzylinder mit Steuerventil, den einseitig, beidseitig oder teleskopierbar ausfahrbaren Kolben und den kurzen Anschlussschläuchen mit Schnellkupplung zur Verbindung mit den Hydraulikschläuchen des Pumpenaggregates. Der im Gehäuse befindliche Hydraulikzylinder ist doppeltwirkend zum Ein- und Ausfahren der Kolben ausgebildet.

An beiden Enden der Rettungszylinder sind feste oder abnehmbare Füße mit profilierten Griffflächen angebracht, die durch einen, zwei oder telekopierbare Kolben auseinandergedrückt werden. Das Steuerventil mit der Umlaufstellung (Ruhestellung) und der Durchflussstellung (Arbeitsstellung) ermöglicht die Steuerung der Kolben. Beim Loslassen des Bedienhebels des Steuerventils geht dieses in Ruhestellung, das Hydrauliköl läuft um und der Kolben bleibt in der jeweiligen Stellung stehen. Diese Schaltungsart wird als „Totmannschaltung“ bezeichnet.

Rettungszylinder müssen durch den Hersteller klassifiziert und gekennzeichnet werden. Nachfolgend ein Beispiel für einen Rettungszylinder mit einer Druckkraft von 137 Kilonewton, einem Hub von 320 Millimeter und einer Masse von 12 Kilogramm.

R 137/320–12

Nachfolgend ein Beispiel für einen Teleskop-Rettungszylinder mit zwei ausfahrbaren Kolben, wobei der Hauptkolben eine Druckkraft von 189 Kilonewton mit einen Hub von 470 Millimeter und der zweite Kolben eine Druckkraft von 99 Kilonewton mit einen Hub von 380 Millimeter ausübt (Gesamthub 840 Millimeter), mit einer Masse von 18 Kilogramm.

TR 189/470–99/380–18

Rettungszylinder können, sofern sie entsprechend ausgerüstet sind, durch Verwendung spezieller Zugketten, die mit Verbindungselementen am Rettungszylinder befestigt werden, auch zum Ziehen von Lasten eingesetzt werden. Eine Zugkette wird hierbei an einem Festpunkt, die andere Zugkette an der Last befestigt und die beiden Zugketten durch Einhaken der Kettenglieder an den Verbindungselementen auf die notwendige Kettenlänge gekürzt. Der Zug erfolgt dann durch Einfahren des Rettungszylinders.

Hinweis: Der in den Beladelisten der Feuerwehrfahrzeuge aufgeführte Satz Rettungszylinder besteht aus drei Rettungszylindern. Die eingefahrene Baulänge des kürzesten Rettungszylinders beträgt maximal 540 Millimeter, die ausgefahrene Baulänge des längsten Rettungszylinders mindestens 1 500 Millimeter, wobei die eingefahrene Baulänge des jeweils größeren Rettungszylinders etwa 10 Prozent kleiner als die ausgefahrene Baulänge des jeweils kleineren Rettungszylinders sein muss.

10.3.6 Rettungsgeräte mit integrierter Energieversorgung

Zu den hydraulischen Rettungsgeräten gehören auch Rettungsgeräte mit integrierter Pumpe und/oder Energiequelle gemäß DIN 14751–4. Diese Rettungsgeräte werden dann verwendet, wenn der mitgeführten Energieversorgung der schnellen und eigenständigen Anwendung und dem Raum- und Gewichtsbedarf bei der Unterbringung in einem Feuerwehrfahrzeug Vorrang gegenüber der Leistungsfähigkeit des Rettungsgerätes eingeräumt werden.

Abbildung 43: Kombinationsrettungsgerät mit integrierter Pumpe und Energieversorgung (Quelle: WEBER-HYDRAULIK GMBH)

Die Funktionen und Bewegungsabläufe der Rettungsgeräte mit integrierter Pumpe und/oder Energiequelle entsprechen zunächst denen der herkömmlichen Spreizer, Schneidgeräte, Kombinationsrettungsgeräte oder Rettungszylinder. Der erforderliche hydraulische Druck wird jedoch nicht über angeschlossene Schlauchleitungen von einem abgesetzt betriebenen Pumpenaggregat bereitgestellt, sondern von einer im Rettungsgerät eingebauten Hydraulikpumpe, die von einem wieder aufladbaren Akku angetrieben wird. Im Vergleich zu den herkömmlichen Geräten sind Rettungsgeräte mit integrierter Pumpe und/oder Energiequelle etwas schwerer und größer, die Einsatzdauer ist aufgrund der Akku-Leistung begrenzt. Der Vorteil dieser Rettungsgeräte ist jedoch die sofortige Einsetzbarkeit ohne Verlegen von Hydraulikleitungen und Aufbau einer Stromversorgung und die Bewegungsfreiheit ohne Behinderungen durch Hydraulikleitungen.

10.3.7 Pumpenaggregate

Zum Erzeugen des notwendigen Arbeitsdruckes der hydraulischen Rettungsgeräte werden entsprechende Pumpenaggregate verwendet. Wesentliche Bestandteile dieser Pumpenaggregate sind der Antrieb mit Elektro- oder Verbrennungsmotor, die Hydraulikpumpe mit dem Hydraulikflüssigkeitsbehälter, die Ventile und die Anschlussstücke für die Hydraulikschläuche, die zusammen in einem stabilen Tragerahmen eingebaut sind. Es werden Pumpenaggregate zum Antrieb eines einzelnen Rettungsgerätes, zum wahlweisen Antrieb von zwei oder mehreren Rettungsgeräten und zum gleichzeitigen Antrieb von mehreren Rettungsgeräten unterschieden.

Abbildung 44: Beispiele für Pumpenaggregate (Quelle: WEBER-HYDRAULIK GMBH)

Auf genormten Feuerwehrfahrzeugen wird jeweils ein Pumpenaggregat für den gleichzeitigen Antrieb des mitgeführten Spreizers, des Schneidgerätes und eines Rettungszylinders mitgeführt. Die Menge der Hydraulikflüssigkeit der Pumpenaggregate muss ausreichen, um diese drei Rettungsgeräte gleichzeitig einsetzen zu können. Die Leistung der Hydraulikpumpe der Pumpenaggregate muss wiederum ausreichen, um diese drei Rettungsgeräte in der vorgegebenen Mindestzeit zu öffnen und zu schließen. Pumpenaggregate können durch angebaute Schnellangriffshaspeln zu einer Schnellangriffseinheit ergänzt werden. Die Haspeln enthalten zwei Hydraulikschlauchpaare mit einer Länge von jeweils mindestens 20 Meter. An diesen sind in der Regel ein Spreizer und ein Schneidgerät fest angekuppelt, die in Halterungen auf der Schnellangriffseinheit abgelegt sind.

10.3.8 Zubehör für hydraulische Rettungsgeräte

Für den wirksamen Einsatz der hydraulischen Rettungsgeräte werden verschiedene Zubehörteile benötigt. Diese werden meist zusammen mit den Rettungsgeräten als vollständige Beladungssätze auf den Einsatzfahrzeugen mitgeführt. Im Beiblatt 13 der DIN 14800–18 sind die Ausrüstungen für einen „Beladungssatz M – Hydraulischer Rettungssatz" aufgelistet.

Tabelle 9: Beladungssatz M – Hydraulischer Rettungssatz

Anzahl	Bezeichnung
1 Stück	Hydraulikaggregat MTO, mit Elektromotor oder Verbrennungsmotor
1 Stück	Schnellangriffshaspel, für Hydraulikaggregat MTO [1)]
1 Stück	Spreizer, mindestens Typ BS, oder mit höherer Leistung
1 Stück	Schneidgerät, mindestens Typ BC, oder mit höherer Leistung
1 Satz	Rettungszylinder, mindestens Typ R60, oder mit höherer Leistung
1 Stück	Bereitstellungsplane, zur Ablage von Rettungsgeräten
1 Satz	Unterbaumaterial für Fahrzeuge, aus Kunststoff oder Holz
1 Satz	Formhölzer, Keile, Platten, Kanthölzer
1 Stück	Transportkasten für Formhölzer, oben offen
1 Stück	Schwelleraufsatz, für Rettungszylinder
2 Stück	Material zum Abdecken von Schnittkanten
1 Stück	Verkehrsunfallkasten [2)]
1 Stück	Rettungsbrett [1)]

[1)] nur auf Wunsch des Bestellers
[2)] sofern nicht Bestandteil der Standardbeladung des Feuerwehrfahrzeuges

Bereitstellungsplanen dienen zur Ablage von Rettungsgeräten und Ausrüstungen im Bereich eines verunfallten Kraftfahrzeuges. Sie haben eine Abmessung von etwa 2 000 × 2 500 Millimeter. Die erforderlichen Geräte und Ausrüstungen werden bei der Bereitstellung vor Schmutz geschützt, liegen in greifbarer Entfernung zum Einsatzobjekt und unterstützen so eine geordnete Gliederung des Einsatzbereiches. **Unterbaumaterialien** aus Kunststoff oder Holz und **Formhölzer** wie Keile, Platten oder Kanthölzer werden zum Sichern von verunfallten Kraftfahrzeugen und als Unterlage für anzusetzende Werkzeuge und hydraulische Rettungsgeräte verwendet (siehe Kapitel 9.5.1). **Materialien zum Abdecken von Schnittkanten** aus reißfestem Textilgewebe mit Einlagen aus schnittfestem Polyestervlies können Einsatzkräfte und betroffene Personen vor scharfen Kanten und spitzen Ecken an verunfallten Kraftfahrzeugen schützen. Mit Klettband zu befestigende Schutztaschen dienen zum Beispiel zum Abdecken abgeschnittener Enden der A- und B-Säulen von Kraftfahrzeugen. Größere Schutzdecken mit eingenähten Magneten dienen zum Abdecken von längeren scharfen Kanten.

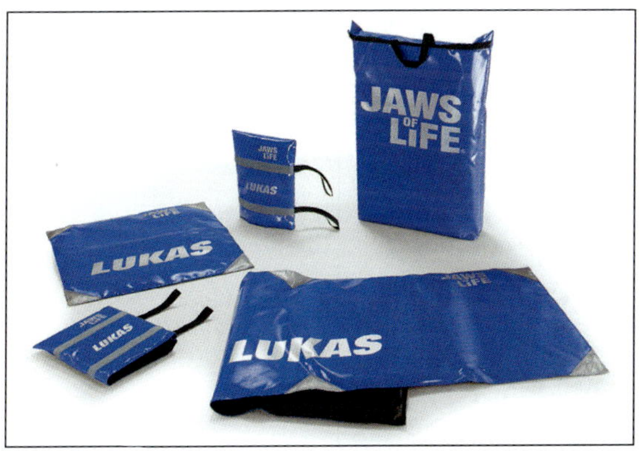

Abbildung 45: Beispiele für Schnittkantenschutz (Quelle: LUKAS Hydraulik GmbH)

Schwelleraufsätze für Rettungszylinder dienen als ausreichend druckfestes Widerlager und sollen die punktförmige Belastung durch den Rettungszylinder auf eine größere Fläche ableiten und ein Abrutschen des Rettungszylinders beim Auseinanderdrücken von Bauteilen verhindern.

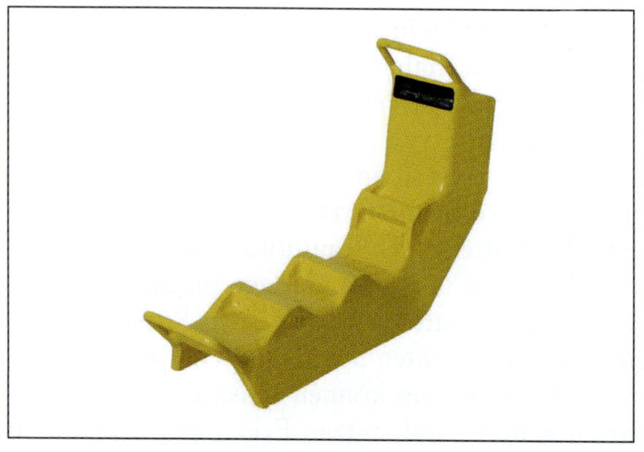

Abbildung 46:
Beispiel für einen Schwelleraufsatz (Quelle: WEBER-HYDRAULIK GMBH)

Der **Verkehrsunfallkasten** VUK gemäß DIN 14800–13 enthält die häufig gebrauchten Werkzeuge und Hilfsmittel, zum Beispiel Rettungsdecke, Schutzbrille, Gurtmesser, Federkörner, Montierhebel, Glastrenngerät, Klebeband, Wachskreide, Ratschenzurrgurt, oder Blechtrennmeißel, die als feuerwehrtechnische Ausrüstung auf Feuerwehrfahrzeugen mitgeführt werden und die für Einsätze bei Verkehrsunfällen verwendet werden können.

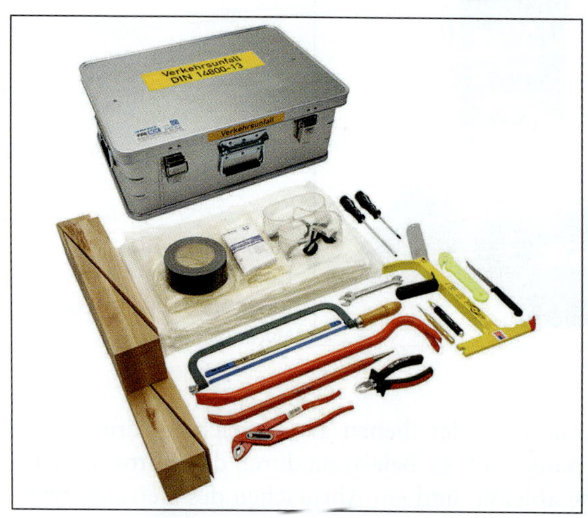

Abbildung 47:
Inhalt und Unterbringung des Verkehrsunfallkastens VUK (Quelle: Donges GmbH & Co. KG)

10.3.9 Benutzung der hydraulischen Rettungsgeräte

Bei der Inbetriebnahme und der Benutzung von hydraulischen Rettungsgeräten sind die Bedienungs- und Sicherheitshinweise der Hersteller sowie die folgenden Hinweise genau zu beachten.

- Die Pumpenaggregate sind jeweils so aufzustellen, dass für die Hydraulikschläuche genügend Bewegungsfreiheit verbleibt.
- Beim Ansetzen der hydraulischen Rettungsgeräte sind Erschütterungen, die sich auf die betroffenen Personen übertragen, zu vermeiden.
- Werden bei umfassenden Rettungsmaßnahmen mehrere hydraulische Rettungsgeräte gleichzeitig eingesetzt, ist darauf zu achten, dass keine gegenseitigen Behinderungen oder Beeinträchtigungen entstehen.

Die hydraulischen Rettungsgeräte sind nach jeder Benutzung zu reinigen und einer Sichtprüfung auf Anzeichen von Verschleiß oder Beschädigung zu unterziehen. Mindestens einmal jährlich ist eine Sicht- und Funktionsprüfung und alle drei Jahre oder wenn Zweifel an der Sicherheit oder Zuverlässigkeit bestehen, zusätzlich eine Funktions- und Belastungsprüfung durch eine sachkundige Person durchzuführen. Beschädigte Geräte sind dem Gebrauch zu entziehen, gegebenenfalls zu reparieren oder zu ersetzen.

Sicherheitshinweise:

- Beim Einsatz hydraulischer Rettungsgeräte Gesichtsschutz verwenden.
- Bauteile nur mit den geriffelten Spreizerspitzen auseinanderdrücken. Spreizer nicht verkanten.
- Schneidgerät immer/möglichst rechtwinklig ansetzen und nicht verkanten.
- Schneidgerät nicht an gehärteten Metallteilen einsetzen.
- Vor dem Abtrennen freistehender Enden von Bauteilen diese gegen Wegschnellen sichern.
- Fuß- und Kopfteil der Rettungszylinder sicher an Last und Festpunkt ansetzen. Rettungszylinder nicht verkanten.
- Bei der Verwendung von Zugketten auf das sichere Anschlagen achten. Zugketten nicht verdrehen.

10.4 Selbstkontrolle und Testfragen

(Lösungen siehe Seite 112)

1. Welche Hubhöhen können mit einer hydraulischen Winde erreicht werden?

a) 280 oder 350 Millimeter
b) 400 oder 600 Millimeter
c) 0 bis 350 Millimeter

2. Welche Ausrüstungsteile gehören zu einem hydraulischen Hebesatz?

a) Handbetätigte Hydraulikpumpe
b) Ersatzscherstifte
c) Hydraulikzylinder
d) Hebelrohr
e) Hubverlängerungen
f) Anhebeklauen

3. Welche Geräte gehören zu den hydraulischen Rettungsgeräten gemäß DIN EN 13204?

a) Spreizer
b) Rettungszylinder
c) Hydraulische Winde
d) Konstruktionsrettungsgerät
e) Hebesatz mit Hydraulikzylindern
f) Schneidgerät

4. Wonach werden die Spreizer unterteilt?

a) Nach der Spreizkraft
b) Nach der Spreizweite
c) Nach der Spreizgröße
d) Nach dem Spreizwinkel

5. Was bedeutet die Nennangabe „BC 180 H-15“ eines Schneidgerätes?

a) Gerätegruppe BC, Maultiefe 180 Millimeter, Schneidfähigkeit Kategorie H, Länge der Hydraulikschlauchleitung 15 Meter
b) Gerätegröße BC, Schneidgeräteleistung 180 Kilogramm, Schneidgeräteöffnung Kategorie H, Masse 15 Kilogramm
c) Gerätetyp BC, Schneidgeräteöffnung 180 Millimeter, Schneidfähigkeit Kategorie H, Masse 15 Kilogramm

6. Wozu werden Rettungszylinder verwendet?

a) Zum Entfernen von Lasten
b) Zum Drücken von Lasten
c) Zum Heben von Lasten
d) Zum Trennen von Lasten

7. Welche Sicherheitshinweise sind beim Einsatz der Rettungszylinder zu beachten?

a) Rettungszylinder dürfen nicht verkantet werden.
b) Rettungszylinder dürfen mit einer balligrunden Fußplatte bis zu einer Schräglage von 15 Grad eingesetzt werden.
c) Beim Einsatz von Spreizer, Schneidgerät und Rettungszylinder am selben Objekt müssen die Geräte immer nacheinander verwendet werden.
d) Bei der Verwendung von Zugketten ist auf das sichere Anschlagen zu achten. Zugketten nicht verdrehen.

8. Welche Zubehörteile gehören zu einem „Beladungssatz – Hydraulische Rettungsgeräte?

a) Eine Bereitstellungsplane
b) Eine Fußplatte für Hydraulikzylinder
c) Ein Verkehrssicherungskasten
d) Ein Schwelleraufsatz
e) Ein Kantenreiter
f) Zwei Schäkel, Form A

11 Arbeitsgeräte mit pneumatischer Betätigung

Bei Arbeitsgeräten mit pneumatischem Antrieb wird komprimierte Luft für die Kraftübertragung verwendet. Die dabei benötigte Druckluft wird aus zu den Geräten gehörenden Druckluftflaschen entnommen.

11.1 Hebekissensysteme

Hebekissensysteme sind pneumatisch betriebene Rettungsgeräte zum lageunabhängigen Anheben und Auseinanderdrücken von Lasten. Sie werden eingesetzt, wenn ein großflächiges Ansetzen erforderlich ist und große Hubhöhen erreicht werden müssen, um zum Beispiel schwere Fahrzeuge und Maschinen oder eingestürzte Gebäudeteile anzuheben. Hebekissensysteme werden gemäß DIN EN 13731 in Systeme mit einem zulässigen Druck bis 1 Bar und einem zulässigen Druck größer 1 Bar unterteilt. Aus mitgeführten Druckluftflaschen wird Druckluft über Druckminderer und einen Luftschlauch den Steuerorganen zugeführt. Über die Steuerorgane und die Füllschläuche wird das stufenlose Füllen der Hebekissen mit Druckluft oder das Entleeren der Hebekissen geregelt. Dabei ist zu beachten, dass die Füllabschlüsse der Hebekissen nicht absperrbar sind und keine Rückschlagventile enthalten. Zur Vergrößerung der wirksamen Auflagefläche der Hebekissen und zur Verbesserung der Standsicherheit während des Hebevorgangs sollten möglichst immer zwei Hebekissen nebeneinander eingesetzt werden.

■ Hebekissen für einen zulässigen Druck bis 1 Bar

Diese Hebekissen – auch Niederdruckkissen genannt – bestehen aus einem reißfesten neoprenbeschichteten Kunststoffgewebe. Sie werden in verschiedenen Größen, mit zylindrischer oder quadratischer Form, mit oder ohne Seitenwand zwischen Boden- und Auflageplatte angeboten. Damit Hebekissen getragen und einsatzgerecht positioniert werden können, sind an ihnen Trage- oder Befestigungsschlaufen angebracht.

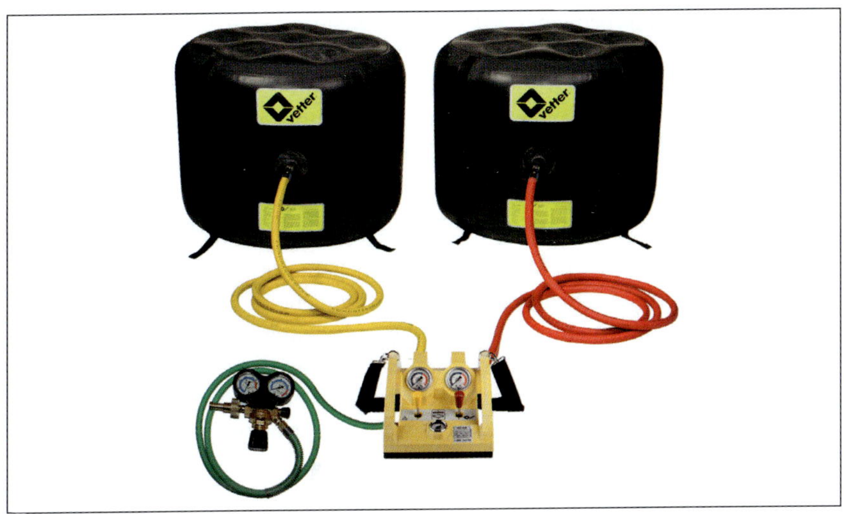

Abbildung 48: Hebekissensystem, mit zulässigem Druck bis 1 bar (Quelle: Vetter GmbH)

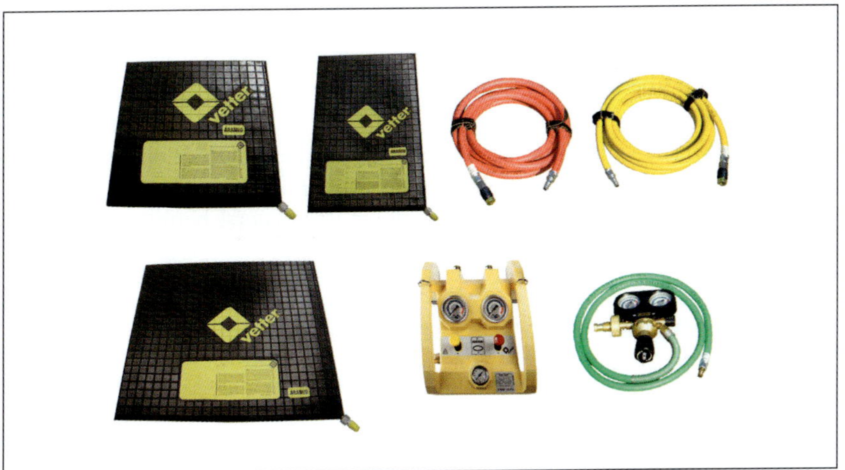

Abbildung 49: Hebekissensystem, mit zulässigem Druck größer 1 bar (Quelle: Vetter GmbH)

Diese Hebekissen haben einen großen Hubweg und eine entsprechend große Auflagefläche, aber nur eine geringe Hubkraft. Die erreichbare Hubhöhe liegt je nach Form und Größe zwischen 450 und 1 100 Millimeter, die erreichbare Hubkraft zwischen 60 und 240 Kilonewton. Die Einschubhöhe beträgt je nach Ausführung etwa 30 Millimeter.

■ Hebekissen für einen zulässigen Druck größer 1 Bar

Diese Hebekissen – auch Hochdruckkissen genannt – bestehen aus einem reißfestem neoprenbeschichteten Kunststoffgewebe mit profilierter Oberfläche, das zusätzlich mit einer Stahlgewebe- oder einer hochfesten Kunststoffgewebeeinlage verstärkt ist. Sie werden in verschiedenen Größen, mit rechteckiger oder quadratischer Form angeboten und sind üblicherweise für einen Druck von 8 Bar ausgelegt. Sie haben einen geringen Hubweg, aber eine große Hubkraft. Die erreichbare Hubhöhe liegt je nach Form und Größe zwischen 100 und 520 Millimeter, die erreichbare Hubkraft zwischen 100 und 660 Kilonewton. Die Einschubhöhe dieser Hebekissen beträgt je nach Ausführung etwa 25 Millimeter. Mit zunehmender Hubhöhe verringert sich die Hubkraft dieser Hebekissen, da sich die Oberfläche der Hebekissen wölbt und der Druck nicht mehr auf der gesamten Hebekissenoberfläche wirksam wird. Es können zwei Hebekissen gleichzeitig – sowohl nebeneinander als auch übereinander – eingesetzt werden.

Hinweis: Werden maximal zwei Hebekissen übereinander eingesetzt, ist darauf zu achten, dass ein gegebenenfalls verwendetes kleineres Hebekissen oben liegt und immer das untere Hebekissen zuerst befüllt wird.

11.2 Zubehör für Hebekissen

Das für den gleichzeitigen Betrieb von maximal zwei Hebekissen notwendige Zubehör wird in der Regel in einem Hebekissen-Zubehörkasten gemäß DIN 14800–11 auf Feuerwehrfahrzeugen mitgeführt, wobei die beiden Hebekissen selbst nicht Bestandteil des Zubehörkastens sind.

Tabelle 10: Inhalt des Hebekissen-Zubehörkastens

System		Benennung
< 1 bar	**> 1 bar**	
1 Stück	---	Druckminderer 1 bar, mit Anschlussschlauch
---	1 Stück	Druckminderer 8 bar, mit Anschlussschlauch
2 Stück	2 Stück	Steuerventil mit Sicherheitsventil und Druckanzeige [1)]
2 Stück	2 Stück	Füllschlauch, Länge 10 m, verschiedene Farben [2)]
2 Stück	2 Stück	Druckluftflasche, Inhalt 6 L, Nenndruck 300 bar [3)]

[1)] oder 1 Stück Doppelsteuerorgan, mit Sicherheitsventilen und Druckanzeigen
[2)] mit schraubbaren Bajonett-Kupplungen (Niederdruck) oder Sicherheitskupplungen (Hochdruck)
[3)] auf Wunsch des Bestellers auch 4 Stück Druckluftflaschen, Inhalt 4 Liter, Nenndruck 200 Bar

Die für den Einsatz der Hebekissensysteme vorgesehenen **Druckluftflaschen** sind mit den Druckluftflaschen für Pressluftatmer vergleichbar. Der **Druckminderer** wird an eine Druckluftflasche angeschlossen und reduziert den Flaschendruck auf den für die jeweiligen Hebekissen vorgesehenen Arbeitsdruck. Über den Druckschlauch wird das **Steuerventil** beziehungsweise das Doppelsteuerorgan angeschlossen und über die **Füllschläuche** die Hebekissen gefüllt beziehungsweise entleert.

11.3 Benutzung der Hebekissensysteme

Bei der Inbetriebnahme und der Benutzung von Hebekissensystemen sind die Bedienungs- und Sicherheitshinweise der Hersteller sowie die folgenden Hinweise genau zu beachten:

- Die Hebekissen sind so in Stellung zu bringen, dass sie möglichst ganz unter der Last eingeschoben sind. Es müssen mindestens 75 Prozent der Auflagefläche des Hebekissens unter der Last liegen.

Hebekissen sind aufgrund ihres konstruktiven Aufbaus empfindlich gegenüber spitzen Gegenständen, scharfen Kanten und heißen Teilen. Auch deshalb sind sie nach jeder Benutzung einer Sichtprüfung durch den Benutzer zu unterziehen. Mindestens einmal jährlich sind die Hebekissensysteme einer Sicht- und Funktionsprüfung durch eine sachkundige Person zu unterziehen. Hebekissen müssen darüber hinaus, wenn Zweifel an der Sicherheit oder Zuverlässigkeit bestehen, mindestens jedoch alle fünf Jahre vom jeweiligen Hersteller untersucht werden.

Sicherheitshinweise:

- Beim Einsatz der Hebekissensysteme Gesichtsschutz verwenden.
- Last während des Hebens durch Unterbauen und gegen Wegrutschen sichern.
- Hebekissen nicht an spitzen Gegenständen, scharfen Kanten oder heißen Teilen ansetzen, punktförmige Belastung vermeiden.
- Bei Verwendung von zwei Hebekissen übereinander, instabile Lage berücksichtigen.
- Nicht mehr als zwei Hebekissen übereinander einsetzen.

11.4 Selbstkontrolle und Testfragen

(Lösungen siehe Seite 112)

1. Aus welchen Teilen besteht ein Hebekissensystem?

a) Hebekissen mit Füllschlauch
b) Pneumatikpumpe, Steuerventil, Pneumatikzylinder und Zubehör
c) Druckluftflasche mit Druckminderer
d) Hydraulischer Luftheber
e) Steuerventil mit Anschluss für Druckschlauch und Füllschlauch

2. Wie werden Hebekissensysteme unterteilt?

a) Zulässiger Druck bis 1 Bar
b) Zulässiger Druck größer 1 Bar
c) Zulässiger Druck bis 25 Bar
d) Zulässiger Druck größer 25 Bar

3. Welche Sicherheitshinweise sind beim Einsatz der Hebekissensysteme zu beachten?

a) Hebekissen dürfen nicht verkantet werden.
b) Die Last ist während des Hebens durch Unterbauen zu sichern.
c) Zu belasteten Hebekissen ist ein Sicherheitsabstand vom 1,5-fachen des Hebekissenumfangs einzuhalten.
d) Nicht mehr als zwei Hebekissen übereinander einsetzen.

12 Sonstige Arbeitsgeräte

In den Normen für die Einsatzfahrzeuge der Feuerwehren sind unter anderem die Arten und der Umfang der feuerwehrtechnischen Beladungen aufgeführt, die Arbeitsgeräte unter der Gruppe 7. Die Beladungslisten der Löschgruppenfahrzeuge und der Rüstwagen enthalten neben den in den vorherigen Kapiteln beschriebenen Arbeitsgeräten weitere sonstige Arbeitsgeräte.

Tabelle 11: Sonstige Arbeitsgeräte

Benennung	Norm
Baustütze	DIN EN 1065
Kanalstrebe, stufenlos verstellbar	
Bohle, aus Nadelschnittholz, 50 × 225 × 2 000 mm	
Kantholz, aus Fichte, 120 × 160 × 2 000 mm	
Bauklammer, mit rundem/eckigem Klammerrücken	
Bindegurt mit Ratsche Belastbarkeit bis 2 500 kg	
Sandbleche, aus Aluminium, etwa 400 × 1 500 mm	
Kunststoffseil (Polyamid), Ø etwa 9 mm, Länge 100 m	
Bindestrang, Ø 8 mm, Länge 2 000 mm	
Drahtseil, mit Vollkauschen, Ø 16 mm, Länge 10 m	
Bindedraht, verzinkt, Länge etwa 50 m	
Anschlagmittel für maschinelle Zugeinrichtung	
Beladungssatz I – maschinelle Zugeinrichtung-	DIN 14800–18 Bbl 9
Auffahrbohle	DIN 14854
Transportrolle, aus verzinktem Stahlrohr	
Mulde St	DIN 14060

Darüber hinaus gehören zu den sonstigen Arbeitsgeräten weitere Geräte, die nachfolgend näher beschrieben werden.

12.1 Einreißhaken

Einreißhaken können zum Einreißen und Umstoßen von Bauteilen sowie zum Herausziehen von Gegenständen aus Gefahrenbereichen eingesetzt werden. Sie bestehen gemäß der aktuellen Ausgabe der DIN 14851 aus einem Stiel aus Aluminium mit aufsteckbarem Haken aus Stahl. Der stufenlos teleskopierbare Stiel besteht aus einem inneren Rohr mit einem Aufsteckzapfen zum Anschluss des Hakens und einem äußeren Rohr, das zur stufenlosen Verlängerung verstellt werden kann. Die Sicherung des ausgeschobenen inneren Rohres erfolgt über eine unverlierbar befestigte Stern- oder Kreuzgriffschraube. Die Länge eines Einreißhakens beträgt maximal 2 000 Millimeter (zum Transport) und mindestens 3 000 Millimeter im ausgeschobenen Zustand (zur Benutzung). Mit einem zusätzlichen Verlängerungsrohr lässt sich die Gesamtlänge auf mindestens 4 650 Millimeter erweitern.

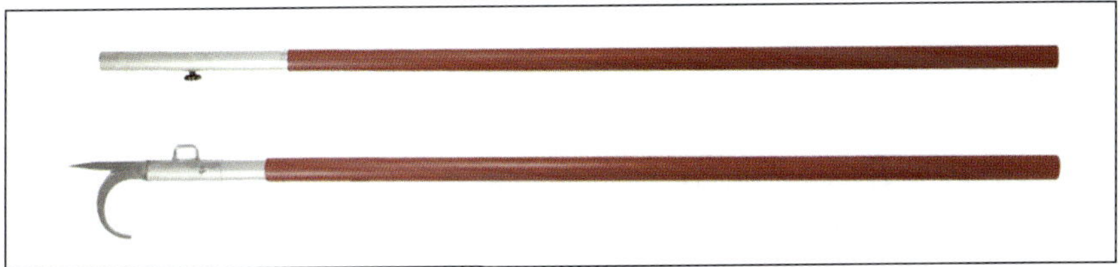

Abbildung 50: Einreißhaken (Quelle: Dönges GmbH & Co. KG)

Das äußere Rohr ist am unteren Ende mit einer abnehmbaren Schutzkappe abgedeckt, das gegebenenfalls verwendete Verlängerungsrohr am unteren Ende mit einer fest montierten Schutzkappe. Bei der Lagerung oder dem Transport des Einreißhakens muss der Haken aus Sicherheitsgründen vollständig durch eine entsprechende Abdeckung geschützt werden.

Hinweis: Durch eine entsprechende konstruktive Gestaltung des Einreißhakens muss sichergestellt sein, dass das innere Rohr bei gelöster Griffschraube nicht unkontrolliert ein- und ausfahren kann.

12.2 Rettungsplattformen

Die Rettungsplattformen für die Feuerwehr gemäß DIN 14830 werden vorwiegend für Hilfeleistungseinsätze in Zusammenhang mit verunfallten Lastkraftwagen oder Bussen oder bei Bahnunfällen verwendet. Sie ermöglichen das Erreichen einer Arbeitshöhe bis etwa drei Meter. Darüber hinaus können sie auch – zum Beispiel unter Verwendung von Zusatzausstattungen – für andere Einsatzzwecke der Feuerwehr verwendet werden.

Abbildung 51: Rettungsplattform (Quelle: LUKAS Hydraulik GmbH)

Rettungsplattformen bestehen aus einer mindestens 800 × 1 700 Millimeter großen rutschhemmenden Plattformfläche (beziehungsweise Gitterrostboden), die auf eine Höhe von 800 Millimeter bis mindestens 1 400 Millimeter verstellbar ist. Zum Besteigen der Plattformfläche sind stirnseitig über Gelenke abklappbare Sprossenleitern mit rutschhemmenden Leitersprossen und -füßen angebracht. Um Bodenunebenheiten auszugleichen und eine weitgehend waagerechte Plattformfläche zu erreichen, sind die Holme der Sprossenleitern mit einzeln um mindestens 200 Millimeter verstellbaren Fußverlängerungen ausgestattet.

An einer Längsseite der Plattformfläche ist ein mindestens 1 000 Millimeter hohes Geländer mit Handlauf und Knieleiste angebracht. Dieses Geländer kann in besonderen Einsatzsituationen, zum Beispiel beim Einsatz einer Krankentrage für den Abtransport von verletzten Personen, nach gezieltem Betätigen von entsprechenden Arretierungen vollständig abgeklappt, eingeschoben oder abgenommen werden. Die Plattformstandfläche ist für eine maximale Belastung mit 500 Kilogramm ausgelegt. Das Packmaß einer zusammengeklappten Rettungsplattform darf maximal 2 000 × 1 050 × 450 Millimeter betragen, die maximale Masse 60 Kilogramm.

Aus zwei als Stehleiter aufgebauten Multifunktionsleitern kann unter Verwendung von jeweils zwei Quertraversen und Plattformen ebenfalls eine Rettungsplattform aufgebaut werden. Zur Beseitigung der Absturzgefahr für Einsatzkräfte sind an der Plattform vorgesehene Geländerstützen und Längsgeländer anzubringen. Bei Bedarf ist diese Konstruktion durch Fußverbreiterungen oder Holmverlängerungen zu ergänzen.

Abbildung 52: Rettungsplattform bestehend aus zwei Multifunktionsleitern und entsprechenden Zubehörteilen (Quelle: GÜNZBURGER STEIGTECHNIK GMBH)

Hinweis: Beim Aufbau einer derartigen Rettungsplattform ist darauf zu achten, dass dabei für Einsatzkräfte eine Absturzgefahr von der noch ungeschützten Plattform besteht.

12.3 Plasmaschneidgeräte

Plasmaschneidgeräte können zum Durchtrennen von leitfähigen metallischen Bauteilen, zum Beispiel aus Stahl, Edelstahl, Aluminium, Kupfer, auch in gehärtetem, beschichtetem oder lackiertem Zustand, eingesetzt werden. Der durch Elektrizität und Druckluft gebildete Plasmastrahl der Plasmaschneidgeräte hat eine sehr hohe Energiedichte und erzeugt am Handbrenner eine sehr hohe Temperatur, wodurch der metallische Werkstoff geschmolzen und aus der Schnittfuge herausgetrieben wird.

Abbildung 53:
Plasmaschneidgerät
(Quelle: Dönges GmbH & Co. KG)

Dabei erhitzt sich das Material außerhalb des eigentlichen Schnittbereiches nur gering, sodass zum Beispiel nah an betroffenen Personen gearbeitet und das bearbeitete Bauteil sofort nach dem Schneiden auch angefasst und entfernt werden kann. Plasmaschneidgeräte bestehen aus einem Gehäuse mit 15 Meter langer Anschlussleitung (für Nennspannung 400 Volt), dem Massekabel mit Anschlussklemme, dem Handbrenner mit 15 Meter langer Zuleitung, einem Druckminderer für 200 beziehungsweise 300 Bar mit Luftschlauch zum Anschluss einer Druckluftflasche und dem Zubehör, zum Beispiel Schutzbrillen und Schutzhandschuhe.

Die von den Feuerwehren verwendeten Geräte sind für eine Schnitttiefe bei Stahl von mindestens 20 Millimeter ausgelegt. Zur Inbetriebnahme muss das Plasmaschneidgerät an einen ausreichend leistungsstarken Stromerzeuger der Feuerwehr (mindestens 8 Kilovoltampere) angeschlossen werden.

Hinweis: Mit Hilfe von Plasmaschneidgeräten können – im Gegensatz zu hydraulischen Schneidgeräten – auch Bauteile aus besonders hochfestem oder gehärtetem Stahl getrennt werden. Plasmaschneidgeräte ersetzten darüber hinaus die nicht mehr in den Beladelisten der genormten Feuerwehrfahrzeuge aufgeführten Brennschneidgeräte.

13 Literatur- und Quellenverzeichnis

DGUV Vorschrift 49 „Feuerwehren“, aktualisierte Ausgabe 2005, Deutsche Gesetzliche Unfallversicherung e.V. (DGUV), Berlin

DGUV Information 205–010 „Sicherheit im Feuerwehrdienst – Arbeitshilfen für Sicherheit und Gesundheitsschutz“, aktualisierte Fassung Juli 2011, Deutsche Gesetzliche Unfallversicherung e.V. (DGUV), Berlin

Feuerwehr-Dienstvorschrift FwDV 1 „Grundtätigkeiten Lösch- und Hilfeleistungseinsatz“, Ausgabe: März 2007, Deutscher Gemeindeverlag W. Kohlhammer GmbH, Stuttgart

DIN-Normen, Bezug bei der Beuth Verlag GmbH, Burggrafenstraße 6, 10787 Berlin

Hamilton, W.: „Handbuch für den Feuerwehrmann“, 21. Auflage 2012, Richard Boorberg Verlag, Stuttgart

Schmidt, G., Schlusche, E.: „Überdruckbelüftung“, Rotes Heft / Ausbildung kompakt 203, 3. überarbeitete und erweiterte Auflage 2014, Verlag W. Kohlhammer GmbH, Stuttgart

Schott, L., Ritter, M.: „Aktuelles Grundwissen für den Dienst in der Feuerwehr“, 18. Auflage 2016, Wenzel Verlag, Marburg

Rodenberg, E.: Technische Hilfeleistung, Band 1 Grundtätigkeiten, 3. überarbeitete Auflage 2013, Richard Boorberg Verlag, Stuttgart

Ungerer, M., Zollner, Chr.: Technische Hilfeleistung – Praxiswissen, Ausgabe 2002, Verlag Technik, Berlin

„Das Feuerwehr-Lehrbuch, Grundlagen – Technik – Einsatz“, 1. Auflage 2012, Verlag W. Kohlhammer GmbH + Co. KG, Stuttgart

Gebrauchs- und Bedienungsanleitungen verschiedener Hersteller

Lernunterlagen verschiedener Landesfeuerwehrschulen

Lösungen zu Kapitel 3.6: 1. d); 2. a), d), e); 3. a) bis d); 4. a), c)

Lösungen zu Kapitel 4.5: 1. a), d); 2. a), c); 3. b), c); 4. a), c), d), e)

Lösungen zu Kapitel 6.4: 1. a), c), d); 2. a) bis d); 3. a), b), d); 4. a), b)

Lösungen zu Kapitel 8.5: 1. b); 2. b); 3. b); 4. a), c)

Lösungen zu Kapitel 9.6: 1. b), c), e); 2. a), b); 3. c); 4. a), b), c)

Lösungen zu Kapitel 10.4: 1. a); 2. a), c), e), f); 3. a), b), f); 4. a), b); 5. c); 6. b), c); 7. a), d); 8. a), d), e)

Lösungen zu Kapitel 11.4: 1. a), c), e); 2 a) b); 3. b), d)